童小言与我都是11月22日生，天蝎座，也是A型血，我仿佛从她身上看到一股熟悉的信念感，对自己有要求，专注把事做好。动静相宜，内心丰盈，淡然自如。

——知名主持人、畅销书作家　吴淡如

生活需要断舍离

童小言 著

人民交通出版社股份有限公司
北京

图书在版编目(CIP)数据

生活需要断舍离 / 童小言著. —北京：人民交通出版社股份有限公司，2020.4
ISBN 978-7-114-16295-4

Ⅰ.①生⋯ Ⅱ.①童⋯ Ⅲ.①人生哲学—通俗读物 Ⅳ.①B821-49

中国版本图书馆CIP数据核字（2020）第014175号

Shenghuo Xuyao Duansheli
书　　名：生活需要断舍离
著 作 者：童小言
监　　制：邵　江
策　　划：李梦霁
责任编辑：李梦霁
特约编辑：刘楚馨　陈力维　苗　苗
营　　销：吴　迪　赵闻恺
责任校对：孙国靖　魏佳宁
责任印制：刘高彤
出　　版：人民交通出版社股份有限公司
地　　址：（100011）北京市朝阳区安定门外外馆斜街3号
网　　址：http://www.ccpress.com.cn
销售电话：（010）59636983
总 经 销：北京有容书邦文化传媒有限公司
经　　销：各地新华书店
印　　刷：中国电影出版社印刷厂
开　　本：880×1230　1/32
印　　张：8.125
字　　数：130千
版　　次：2020年4月　第1版
印　　次：2020年4月　第1次印刷
书　　号：ISBN 978-7-114-16295-4
定　　价：49.80元

（有印刷、装订质量问题的图书由本公司负责调换）

序

此刻决定蜕变：深层次的断舍离，与成功的近距离

我在《生活需要自律力》一书中写道：有人说"我想要简单"。其实，简单才是最难的。你可以自由地不见不想见的人，不喝不想喝的酒，过上经过思考、选择后自己喜欢的生活。这种岁月静好是一种选择，你随时可以重回江湖，但又可以随时退守宁静。

可见，选择过任何一种自己想过的人生，都是需要能力的。想过名利场上五光十色的生活，需要闯劲，想过"简单"的人生，需要智慧。《生活需要自律力》是启发大家去"拥有能力"，拥有能力随之而来的即是"选择权"。莎士比亚在《哈姆雷特》中写到"to be or not to be"意为"生存还是毁灭",更适应现代场景的翻译可以是"选择积极争取,还是顺其自然"。

在30岁这一年出版了有关自律的这本书,实现了我对自己的要求。至少这本书,我自认为是可以读两遍的,不管什么时候遇见它就读一遍,经历了一些事后,再读一遍。如此,可能会恍悟原来素昧平生的我们都在经历着相似的故事,是为共鸣。

我这两本书的策划李梦霁老师形容我:*活得单纯,爱得简单,知世故而不世故,历世事而存天真。*

朋友们觉得这个评语形容我恰如其分。而单纯、简单、不世故、存天真,究其本质,其实还是在于拥有选择权。我愿意以及有能力选择了这样活,这样爱,这样去面对世界上的人和事。

我们总说"不忘初心"。不忘初心,一在心态,二在能力。

但是不是意味着这本书是写给已拥有能力并具有选择权

的人看的？是不是具备了这样的条件才来谈"断舍离"？

恰恰不是。我们从两个层次和维度理解"断舍离"。

首先，我们在积累能力的过程中，需要觉察并懂得"断舍离"，这是帮助我们去理解"选择"的。现实很骨感，理想又很丰满。年少时心态自律、踏实奋斗，让自己积累选择的能力，该追求的不放弃，该放下的不执着，学会在不必要和不应该的事物上断舍离，专注且坚守优秀的品质和靠谱的梦想。这是助力"拥有能力"的断舍离，或者说：断舍离本身也是一种能力。

《生活需要自律力》中，我形容这个年纪的自己：柔软也强大，单纯也成熟，蠢萌也知事，领悟了很多，也不断学习更多。然后，静默并有气势，既独立懂事又善用资源，去拼凑我想要的生活，把我憧憬的画面——实现。

不空想、不盲从、不麻木、不伪装、不机械地无脑重复、不怠惰消极地面对负重、永远找寻真相与真理而不只停留于怀疑……

最高级的自律，就是懂得断舍离。

其次，随着我们每一分能力的提升，量变产生质变，使我们到达新阶段,更具备选择权去达成真正意义上的追求——不在于我们想抓住什么,而是我们愿意放下什么,勇于做减法,去触及人生更深层次的奥义。你将发现,经历过追寻与放弃后,实现"和自己喜欢的一切在一起",可能也是一种成功。

所以,生活需要自律力,生活也需要断舍离。

童小言

目录

工作断舍离
——不焦虑，不拖延

002 | 断舍离第一步，割舍不切实际的梦想

004 | 清晰自我认知，管理好当下的角色

018 | 善用优势，但切忌为其所累

029 | 舍掉自怨自艾，建立自身竞争力

038 | 拖延断舍离，成功的捷径是立刻行动

044 | 离开舒适区，永远像实习生一样工作

103 | 管理好时间，就管理好了人生

情绪断舍离
——不纠结,不抱怨

112 | 管住你的"真性情",脾气不要大于本事
118 | 零抱怨,别再玻璃心
125 | 顺其自然,不为已打翻的牛奶悔恨
132 | 给心灵"排毒",不负重前行
139 | 学会自省,时时整理净化内心

情感断舍离
——不攀附,不将就

146 | 当断则断,绝不拖延
157 | 可以勇敢,也可以温柔
164 | 你若盛开,清风自来
169 | 不亏待每一份热情,不讨好任何冷漠
181 | 大智若愚,装傻也是一种自我成全

生活断舍离
——不迷恋，不堆积

188 | 你怎么穿，你就是谁

200 | 比起梦想与期待，更应拥有确信与前行

214 | 有意识的生活态度，不再与他人攀比

226 | 不再害怕他人的目光

237 | 专注提高，忠于自己

工作断舍离

——不焦虑,不拖延

停止低质量的勤奋,方法比努力更重要

断舍离第一步,割舍不切实际的梦想

你是不是在期待自己有个失踪多年的亲生老爸,临走前留给你一大笔遗产?

你是不是在期待自己买的彩券能够幸运中奖,颁奖单位终于找到你,奉上一台宾利?

你是不是在期待雨中出现一位翩翩富家公子,开着他的保时捷停在你身边,轻柔地问:"美丽的小姐,能赐予我荣幸载你一程吗?"

你现在还在做这样过时的梦吗?幻想自己是偶像剧里的公主,挽着王子的胳膊缓缓走进宫殿,在所有宾客的注目礼中优雅地跳起华尔兹……

不好意思,现实往往是——

你爸妈并没有抱错小孩，而是含辛茹苦把你抚养长大，你成为一名无房无车的超级啃老族。

你花了一千块买彩券，最后好不容易中了几袋洗衣粉，抱怨为什么中不了一只熨斗。

你在雨中拖着快断跟的高跟鞋被身边呼啸而过的法拉利溅满一身水，顾不得淑女形象大飙脏话："@#*#&@%@#+#%&*&*。"

这样的梦醒来，你发现，你顶多是个灰姑娘，而且貌似永远遇不到仙女，穿不上水晶鞋，吻遍青蛙也出现不了一位王子……

到底问题出在了哪？

问题在于你把你的人生路掌握在了别人手里。

断舍离第一步，割舍不切实际的白日梦。真正的逆袭转机，往往会是发生在你接受现实之后，因为你接受了自己，才会意识到自己的局限性，才更知道自己要做什么。学会适当放弃那些对泡沫的渴望，保持适度的自我期望水平，使你的成功变得更容易。

清晰自我认知，管理好当下的角色

我的一位朋友Lucas，销售经理，80后，很有投资头脑。短短两年时间，从开Volkswagen（大众）换到开CAMRY（凯美瑞）。再两年时间，把CAMRY（凯美瑞）给太太，自己买了辆Benz（奔驰）。又过了半年，购入一辆BMW（宝马），几部车换着开。半年左右，又把Benz（奔驰）换成了Porsche（保时捷）。

令人钦佩的地方不仅在于他的"吸金"本领，而在于钱越来越多以后，他没忘记自己当下的身份——公司职员。他清晰地知道自己所拥有的一切资源都来自于目前这个平台，所以他很珍惜，也很低调。作为销售，经常在外跑，去见客户的时候开Porsche（保时捷），用他的话说是为了给客户信心，显示公司的效益不错，带来更多的订单。但是到办公室上班，他便开回CAMRY（凯美瑞），理由是：车子不能比老板开的还要好。

我认识的一位女性则走不同路，90后，每天开着辆奔驰在一家IT公司上班，从头到脚加包包都是名牌。许多同事好奇地问她父母是做什么的，得知是普通的工薪阶层。有一次她在办公室和同事吵架。该同事被她在董事长面前冤枉开除，离开前调出办公室监控，恍然大悟，那嚣张跋扈又长相极丑的90后居然是董事长的小三。一时间，众皆哗然。

瞧，你以为值得别人称羡的点，放错了地方，只会起到反效果。"断舍离"的觉悟也包括在不同场合割舍掉那些不适宜的角色表达。角色管理的意义在于有清晰的自我认知。在公司，你就是职员，需要彰显的是professionalism（职业素养）。

我将"角色管理"定义为：对自身的各种角色进行管理，兼管好不同的身份，发挥其最大效用，用清晰的角色定位，组合成最完整和完美的自己，以此创造更优质的生活。这个词看似直白易懂，其实不然，理解是一个阶段，透彻是另一个阶段,而做到则是更高的阶段。

时间轴上每一个当下,你正分别扮演哪些角色?

母亲、妻子、女儿、媳妇、上班族、创业者……

那么请问,给这些角色名词加上形容词,会是什么?

伟大的母亲、幸福的娇妻、孝顺的女儿、孝敬公婆的媳妇、兢兢业业的上班族……

还是碎碎念的母亲、疑神疑鬼的妻子、目无尊长的女儿、和婆婆剑拔弩张的媳妇、偷懒的草莓族员工……

抑或是把老公当成儿子对待到后来两者分不清楚的妻子、把同级当下级对待莫名其妙积了一大堆怨念的天兵职员、上班玩游戏在家加班诅咒上司的下属……

前两天与朋友喝茶,听她说起她公司有个同事,家境不错,上班会时不时在大庭广众面前发出抱怨:"哎哟,我都不知道为什么我要来上班!""为什么还不放假,我都想去欧洲度假"……

如果她去上班并不是想以此为事业,只是"过渡性停留",也许是为了打发时间,也许是为了结交朋友……若是如此,她倒是确实可以不care(在意)当下的工作,反正可有可无。可如果她是把这份工作当成事业,当成学习、锻炼和积累经验的平台,可能是短暂的磨炼,可能是希望在这条路上有所突破和升华,无论时间长短,都需要将与工作所相关的一切,工作本身也好,人际关系也好,都必须花心思去经营。

在职场,你的身份是职员,不适宜摆出娇小姐的一面,也不该太过表露出家庭的经济情况,因为同事们不关心。你穷,他们或许会赐给你一丝怜悯;你困难,他们或许会搞个小捐款。你富,你也不会把钱赠送给他们。所以,没人关心,那您就收起来。

你以为别人左手事业、右手家庭处理得平衡得当只是运气吗?你以为身边的人加薪升职只是会拍马屁吗?没有那么多好运,希望获得不一样的成就,就得有不一样的本事。

我们常听到一些演员说,他/她正在为接的新戏中扮演的"陌生"角色体验生活。这种对职业的认真很值得鼓励。但不是只有演员才有机会转换不同的角色,为了角色而体验生活,平常人也经常为了生活而转换角色,体尝不同的生活。

管理好自己的角色，对什么人用什么态度，需要什么角色的时候以什么样的姿态呈现……其实我们都是"演员"，在生活的大舞台上每时每刻地演绎着不同的角色。这"演绎"并不是指"假面"的意思，而是在不同场合下做好不同角色的诠释，对不同的人扮演着不同的角色，一个人时就"卸下妆"扮演自己……

职场中人，越有分寸，越受敬重。

既然说角色要管理，那么管理不善就是"串了角"。

什么叫串角？我个人以为，就是做了不适宜这个角色所做的行为。一旦行为发生，那往往只能换个角色，过程耗费成本。

有一次和朋友聚餐，朋友说起她公司有个25岁的女孩子，爱上了公司老板。该老板三十五六岁，有家室，还同时和公司好几个女性有亲密关系。用那名女性的话说就是："我知道他是喜欢我的，也知道他是不可能为了我离婚的，可还是无可救药地爱上了他……"

听到这里，我调侃地问密友："那她因此升职了？"

"没有。"

再问:"那加薪了?"

"多多少少有一点吧。但应该也还好。"

"好吧……是真爱。"这前半句我是开玩笑的,后半句还是忍不住认真起来。"二十几岁的女孩子最容易崇拜成功,而四十几岁的男人正好处在事业有成的阶段,因此难免有水灵水灵的花蝴蝶蜂拥而至。可往往这个年纪的男人都已经结婚。女孩子的迷思在于她分不清是恋上了成功,还是恋上了这个男人。她以为她是爱上了他,但如果他不是老板、没钱、不拥有权利,她还会爱吗?"

这种"串角"的结果是可怜的。对女孩子来说,这份工作已经不用指望能长期干下去了,不是主动离开,就是被动撵走,连爱情也赔上。因为对男人来说,摆不平前线或是摆不平后方,早晚都得废了,所以采取灭火行动是迟早的事。

另一位朋友说起过她以前公司发生的事:一名女同事和一名男同事被派到瑞士出差半年,女的有丈夫、男的有妻子。两个人去的,"两个半"人回来。回来后和各自的另一半离了婚,重组了家庭。毫无疑问,公司是待不下去了,闲言碎语就足够把两人淹死。所以,这次"串角"的结果就是失去了工作,也伤害了另外两个翘首盼归的人。

还有一个姑娘，1987年生，相貌平平，才华泛泛，自从和公司的老总在一起后，俨然一副老板娘姿态在办公室晃悠。她"串角"的成本在于二十几岁的姑娘身材变形，从背影看像极了快四十岁，被男同事们在背后耻笑。

还有个比较搞笑的例子——"金饭碗"前台。

以前误以为前台是整个企业最基层的岗位，后来才知道是我太无知，原来竞争最厉害的是"前台"啊。这个岗位可不是随随便便能捡的，没有点儿关系和门路还坐不了那把椅子。几位朋友讲起他们公司的"前台心机"无一不眉飞色舞。那些生得高、长得美的女人，会几句基础的英语对话，帮国外来的高管们张罗酒店、接待参观、导览城市一日游……回头在微信上保持密切关注和沟通，没过多久，就不当前台了。

不过，这种新生活，开场是荣耀的，结局却大多是悲催的。

艺术学校的资深教师对今后将步入演艺圈的学生们建议，对于潜规则，能say no，尽量say no。教师们之所以不那么斩钉截铁地说，因为他们懂得，有些圈子，人在其中，身不由己。看看每天停在学校门口等待接人的豪车就知道，今后的诱惑是很多的。

那么对于普通的职场人，尤其女孩子，有些底线值不值得去触碰？

我的建议是——虚荣断舍离，做你的角色该做的事。能不和工作伙伴越界，就别越界。同事也好，老板也罢，合作方亦是。总之，你可以欣赏、可以爱慕、可以青睐，但是千万别越界。

道理很简单，除非两人都甘心失忆，然后该怎么相处还是怎么相处，与往常无异，不以任何形式的明示或者暗示向另一方"索取"或大或小的好处……否则任何一方的"串角"，不管是行动上还是思想上，都会成为双方的困扰。万一碰上死缠烂打的，那简直是"一夜风流账，几世难清算"。

大家在校园里，多还纯如白雪，那么一旦进入社会，就不能再"很傻很天真"了，因为你会遇到形形色色的人。社会关系比校园里面要复杂得多。常有年轻女孩儿遇到已婚男人说喜欢她的，遇到喝醉酒后直白"邀请"的，遇到极度空虚想找伴侣的……若要问我怎么处理，我觉得当下的态度可以是：若是此人有用，就装傻当笑话转移话题；若是此人无用，就干脆没有态度。因为他都不要颜面，你为什么不能直接甩脸。

我曾在职场遇到过——被制造绯闻。人在江湖闯，哪有不躺枪。职场有时就是如此，有些人因为不了解你，听到只言片语便信以为真。或者，明明知道你有能力有原则，可为了保护一些人、打击另一些人，还是会编造些以假乱真的消息。这是很难杜绝的。生存法则就是——在职场里，内心无须理会流言蜚语，但切忌自己"瓜田李下"。

遇到类似的诋毁，大家不要心里不服气，觉得"你们都瞎了吗？哪有小三凌晨6点赶车上班的？"其实要理解，有诽谤有绯闻，说明你已经慢慢是个"角"了。人家已经不如你，你就要接受人家要耍嘴皮子撒气。

谁的身后没有跟着一串绯闻？若没有，要么就是太无威胁感，要么就是太无存在感。

大家一直说"贵圈真乱"，这里的贵圈常指的是演艺圈。由于是在台前，关注度高，所以演艺圈里的人一旦被泼了脏水，要想证明自己清白真是难上加难。"贵圈"只是把职场的好与坏放大去呈现，真相是：职场很公平。既然选择了耀眼的荣誉，就得承受与之相伴的诋毁。人生就是个套餐，你不能单点。

不管社会各行各业中充斥着多少不纯粹，但我有一份固执——女性在职场中，越有分寸，越受敬重。往前一步是"贱"，往后一步是"实力"。现在是"新时代"了，男性在职场中处境也是一样的。这和性别无关，和权力以及对权力的价值观有关。

这里跟大家分享一个我的独家秘籍，也是在应酬中我能够时刻保持清醒、千杯不倒的窍门。因为有些女孩实在太没心眼，人家带着目的灌你酒，你出于礼貌也好、单纯也好，竟然真的喝懵了，之后发生什么都不在自己掌控之中了。

有人问："真的到那种场合，人家也没明白挑明，只是有那算盘，我若是死活不喝，怕真的得罪，生意肯定是吹了。"

我的回答是："第一，对方并不一定有强烈的非分之想，只是你喝high了，人家就有了念头。你不必拒绝喝酒，只是别让自己喝醉。表现清醒的你，别人会有顾忌，也会收起那颗花心。第二,若是真的遇到有邪念的,且一开始邀请你就动机不纯的,那你压根就不该去。去了,翻脸也比丢脸强。"

记住,无论在什么场合,为了什么目的,都不要让自己陷入危险,除非你已经彻底想清楚后果以及仍然觉得愿意牺牲。

我这里讲的是自我保护的问题,并不是抨击酒文化。小酌怡情、大饮伤身。若实在不会喝酒,真不必硬碰硬,把自己的胃整坏。签10个项目都买不回你的好身体。有好多刚毕业的男的,血气方刚,人家一鼓动,自己马上三杯白酒下肚,然后去洗手间吐。还有些人,别人就是想整他,灌他好多酒,他还真的当成了客气,来者不拒,然后开始发起酒疯,人家录下来,隔日会议间隙当作玩笑故意播给领导看,说这个人一喝酒就乱说话。领导见他如此轻浮,认为他控制力不行,根本不能委以重任。

所以,"逞强"这个品质,也要断舍离啊。

有些地区酒文化特别重,谈合作的诚意就看喝了多少杯白酒,动不动一饮而尽。在这种情况下,拒绝喝,肯定是失礼的。我的诀窍就是——湿毛巾。餐厅都会给每人发条湿毛巾，每次人家来敬酒，我就拿起手边的毛巾擦嘴，在擦嘴的一瞬间把含在嘴里的酒全吐在里面。每次"哈哈哈哈，好好，谢谢谢谢，干！"对方仰天干杯，我也配合，然后喝完，做手到空杯的动作，当对方满意地转向下一位敬酒时，另一只手缓缓地拿起湿巾，优雅地擦一擦……

我之所以如此，并非不尊重，只是怕我酒量浅，喝醉失态。有人说："喝酒多少代表了态度，你真不够诚意。"我惭愧，但我不信你今天喝酒喝到"底朝天"可业务上什么优势都没有，人家就肯跟你签合同。生意人都不是傻瓜，看的是"合适不合适"，在合适的基础上，才跟你进一步来酒桌上谈交情。而你若是能喝，那请多喝几杯。若是像我这样，真心不能喝，只能采取大家都有面子的做法。喝酒的态度也许不够好，但做事的态度仍然鞠躬尽瘁。如此小心机，有何不可？

而且，当大家喝得不行了，"微醺"的我开始主动敬酒，这个时候就开始真的喝，反正他们已经到顶了，也"碰"不了多少杯……

有一次，我的这些小举动被一位老总看到，他非但没说穿，反而从此觉得我特聪明，打趣跟我说："每次喝酒，你的毛巾才是酒精含量最高的那个。"

所以，女人们在职场中，可以有态度，可以很认真，但最重要的是智慧——守护自己不断前行的智慧。

女性这个角色在某些女人稀少的行业有她独特的优势，毕竟物以稀为贵。所以落落大方地处理人际关系，细致与温柔地处理问题，可能会比男性要更容易一些。

美国非营利性女性研究和咨询机构Catalyst在2004年针对女性问题所做的一项调查显示，在财富五百强公司中，女性管理人员占管理人员总数比例最高的公司，在平均净资产收益率和股东回报率方面，比女性管理人员比例最低的公司分别高出35.1%和34%。

近年，麦肯锡的研究报告发现，在由女性出任管理层职位比例最高的欧洲公司当中，其业绩表现高过平均水平。这些公司在商业利润、业务成果和股票价格增长方面的表现均超过竞争对手。麦肯锡在对世界各国公司进行调研后还发现，那些高层职位有三分之一或以上由女性出任的公司，平均表现超过那些没有女性进入高层的公司。麦肯锡还对美国财富五百强公司进行了调研，结果也发现，那些拥有更多女性高层管理者的公司，平均表现比女高管较少的公司优秀。

可见，女性若是能在职场中运用个人魅力、专业技能、沟通技巧以及独有的人际交往的风格来感染同僚、上司和下属，那一定是为自己的职业发展助力的。

这叫作善于利用自己的有利角色做正确的事。

善用优势，但切忌为其所累

想要不焦虑，就得让自己拥有更多机会。而怎么拥有更多机会呢？那便在于你要培养竞争力。培养竞争力的第一步，便是自我认知，了解自己的优缺点，扬长避短。

你愿不愿意列三条自己性格中的缺点和三条性格中的优点？尝试一下，写在纸上，看看自己能不能发现？然后再想想对于那些缺点，有带给你什么负面影响吗？如果有，你觉得严重吗？你意愿改吗？如果想改的话，可以怎么做？

避短，就是劣势断舍离。

大家应该都住过酒店吧，一般酒店的浴室都会有一面放大镜。我刚开始的时候不喜欢用，因为它把我皮肤的毛孔、斑点放大得清清楚楚。一看那张不那么精美的面孔，心里就堵得慌。有一次化妆，没戴隐形眼镜，洗手台大镜子里看不清是否还有什么细微处没有把粉底抹均匀,于是就把放大镜拉过来照一照,哪里还需补足,显示得清清楚楚。缺点就是如此,只有淡然地看待它们,才能心平气和地改善。

我妈说过一句话:你如果知道自己骄傲了,就不会骄傲了。

没错,就是这个理,很多人发现不了自己的缺点,不是因为缺点有多难改,而是当你表现出那些缺点的时候,自己没有意识到。

我国台湾地区有位艺人,是宅男女神,人很漂亮,身材也非常好。可是她讲话总会不经意地泛出面部扭曲不雅的表情,她自己一直浑然不知。直到上了一个有名的谈话节目之后,被网友们大肆讨论,她才半信半疑地找出该节目的视频,观察自己说话时的表情,看到自己姣好的面容真的是扭曲成奇怪的模样,让她错愕地意识到了自己的小缺点。之后,她时刻注意,慢慢地也就改掉了这个"坏毛病"。

"鸡蛋,从外打破是食物,从内打破是生命。人生亦是,从外打破是压力,从内打破是成长。"

如果你等待别人从外打破你,那么你注定成为别人的食物;如果能让自己从内打破,那么你会发现自己的成长可以与重生相媲美！心态上的缺点，要从根出发去剖析、去改变。而习惯上的缺点，其实只要自己平时多注意，还是相对容易丢弃的。心理学研究表明，重复21天就会变成习惯，重复90天就会养成稳定的习惯。所以，要断舍离一个坏习惯，可以坚持一个月去培养一个好习惯代替它。几十天而已，并没有那么难。请相信，"看不见的变化"会发生。

世上没有相同的树叶，每一片都有自己的障碍与出路。人也是。

如果你迟迟无法突破发展的瓶颈，就要看是不是有哪些关键的、也许自己没有意识到的缺点正阻碍着你去拿到通往"New World（新世界）"的钥匙。除了用上述方法找出自己的缺点，也可以邀请长者、朋友列出他们眼中的你三大优点和三大缺点，与自己列的作比较。

能不能意识到缺点是其一，能不能改善是其二。将"拖后腿"的因素变得不拖后腿当然重要，但那些"加分"的因素，你是否有发挥它们真正的功效呢——你的优势，你有好好对待它们吗？

我大学有个学姐，叫Della，五官立体，非常漂亮，家里条件也不错，拥有一份当时许多人梦寐以求的工作。她的优势很多，最起码就是漂亮。因为漂亮，她很容易在单位受到男性瞩目；因为漂亮，她相对容易获得支持、获得机会。社会对美女的宽容度是很高的。可是她并没有好好善待这份优势，混乱的私生活很快让她在部门里有了不好的名声，碍于压力最后不得不换了部门，优势成了累赘、劣势了。

无奈的是，她的感情路十分坎坷。对认真的爱情，她并不安分，觉得自己那么漂亮，如果和男朋友走下去太不甘心了，变心速度快得像夏天的风。对虚伪的爱情，她又苦苦地飞蛾扑火，越桀骜不驯的男人越能勾起她的挑战欲。论能力、聪明，她都是不差的，可让她情场失意、职场不得意的恰恰是她最大的优势——从小到大"宠坏"她的美貌，是不是很讽刺？

还有个老同学，名字非常好听，叫Violet，本人也像紫罗兰一般俏丽。从她小时候起，她妈妈就一直以有这样一个漂亮的女儿而自豪，见谁就向谁灌输：像Violet这么漂亮的女性必定要有非凡的未来。后来，Violet自己对这一观点也是深信不疑。Violet初中就恋爱了，尽管有固定的男友，可仗着漂亮的外表，还是与众多追慕者纠葛不断。

美女就容易陷入这样的"困境"，看上去仿佛是她掌控着自己和男人们的感情，实则是"什么都想要""什么都舍不得放"的感情掌控着她。所以高中以后，Violet的成绩就像容颜，不用心保养，越来越掉价，最终名落孙山，复读一年。第二年，她终于如愿不必进大专，考上了一所二本大学。

一旦选择复读，就意味着和原先的那群同学有了一年的"差距"，曾经的同学毕业时她才读大三，曾经的同学工作一年后她才毕业，大家在聊工作相关的话题时她只能在旁边听着，她讲学校里的生活又勾不回刚进职场品尝新鲜同学的兴趣。有差距的不仅是那些老同学，还有她那谈了8年的初中男友。美女从来就不缺人追求，尤其是在大学里百无聊赖的时候。所以，当她男友被家人送出国，两周后她就与之分手，和同校的一名男生在一起了。要知道，美女习惯了他人对她公主般的呵护，如何能忍受得了寂寥。等她毕业，她大学男友去了日本留学，感情又陷入迷茫。

她目前在一家小企业当HR Specialist（人事专员），和她原本设定的"非凡未来"有很大的差距，感情生活似有若无。她妈妈一方面希望她早点嫁人，另一方面又希望她嫁给有钱人。所以，观望着、观望着，就"剩"下了。

这是她的基本情况。按理来说，残酷而现实的社会里，漂亮女人比普通女人能获得更多机会，可她也如Della一样，并没有好好对待自己的美貌优势。习惯被优待，疲于沉下心来努力，本来可以让自己过上更好的生活，却被自己耽误下来。

我和Violet是在微博上重新联系上的，了解了她的现状，回忆当初的友谊，正好有一个机会，我便推荐让她试试。于是，我请她出来喝茶，解说了一番后，我做了短暂地交接指导，第二天就放心地飞台湾了，心想她应该会珍惜机会，踏实努力。而且以己度人，如果换成是我自己，我应该会争取、珍惜和尝试各种机会。所以在台湾的日子，我也很相信她，不过问，怕对她造成心理负担。谁知，等我回来，发现她竟什么都没动。甚至告诉我，我之前送她的脸部保养品，她勉强用来涂了一下腿……

机会不是不来眷顾你，是你不要啊。

后来从其他同学那里听说她嫁人了，好像是未婚先孕，老公应该和她当初的理想相差很远，生活已经走上了不可逆的路。

忘了在哪里看到过这样一个故事，说是一个中国人到国外的朋友家里做客，看到他们的小孩非常可爱，于是对着那女孩儿夸赞："哇，你真漂亮！"之后她朋友私下对她说："以后不要夸她漂亮，因为长相是天生的，漂亮并不是因为她的努力而得来的，所以没有必要以此为荣。"

Della和Violet，无疑都是美女，"美"是优势，可她们却为这一优势所累，太把优势当回事。Every coin has two sides（凡事皆有利弊），不正确对待优势，反倒使优势成了劣势，迷惑自己而忘了其他修炼。

就跟很多台北、上海的女性一样，一份普普通通的工作，马马虎虎的薪水，每天做的事情是Spa、shopping和泡夜店，把自己保养得美美的，丰盈衣柜，却不丰盈大脑，基本不去进修……最大的梦想是嫁个有钱人，从此逆袭人生，然后幻想男人对她说："辞职吧，好好做你的少奶奶，我养你。"

对此，有个很有名的案例可以参考。

一个年轻漂亮的美国女孩在美国一家大型网上论坛金融版上发表了这样一个问题帖：我怎样才能嫁给有钱人？

我下面要说的都是心里话。本人25岁，非常漂亮，是那种让人惊艳的漂亮，谈吐文雅，有品位，想嫁给年薪50万美元的人。你也许会说我贪心,但在纽约年薪100万才算是中产,本人的要求其实并不高。

这个论坛里有没有年薪超过50万的人?你们都结婚了吗?我想请教各位一个问题——怎样才能嫁给像你们这样的有钱人?我约会过的人中,最有钱的年薪25万,似乎已是我的上限。要住进纽约中心公园以西的高尚住宅区,年薪25万远远不够。我是来诚心诚意请教的,有几个具体的问题:

一、有钱的单身汉一般都在哪里消磨时光?请列出酒吧、饭店、健身房的名字和详细地址。

二、我应该把目标定在哪个年龄段?

三、为什么有些富豪的妻子看起来相貌平平?我见过有些女孩,长相如同白开水,毫无吸引人的地方,但她们却能嫁入豪门。而单身酒吧里那些迷死人的美女却运气不佳。

四、你们怎么决定谁能做妻子,谁只能做女朋友?我现在的目标是结婚。

——波尔斯女士

下面是一位华尔街金融家的回帖:
亲爱的波尔斯:
我怀着极大的兴趣看完了贵帖,相信不少女士也有跟你类似的疑问。让我以一个投资专家的身份，对你的处境进行分析。我年薪超过50万，符合你的择偶标准，所以请相信我并不是在浪费大家的时间。

从生意人的角度来看，跟你结婚是个糟糕的经营决策。道理再明白不过，请听我解释。抛开细枝末节，你所说的其实是一笔简单的"财""貌"交易：甲方提供傲人的外表，乙方出钱，公平交易，童叟无欺。但是，这里有个致命的问题，你的美貌会消逝，但我的钱却不会无缘无故减少。事实上，我的收入很可能会逐年递增，而你不可能一年比一年漂亮。

因此，从经济学的角度讲，我是增值资产，你是贬值资产，不但贬值，而且是加速贬值。你现在25岁，在未来的5年里，你仍可以保持窈窕的身段、俏丽的容貌，虽然每年略有退步。但美貌消逝的速度会越来越快，如果它是你仅有的资产，十年以后你的价值堪忧。

用华尔街术语说，每笔交易都有一个仓位。跟你交往属于'交易仓位'，一旦价值下跌就要立即抛售，而不宜长期持有——也就是你想要的婚姻。听起来很残忍，但对一件会加速贬值的物资而言，明智的选择是租赁，而不是购入。年薪能超过50万的人，当然都不是傻瓜，因此我们只会跟你交往，但不会跟你结婚。所以我劝你不要苦苦寻找嫁给有钱人的秘方。顺便说一句，你倒可以想办法把自己变成年薪50万的人，这比碰到一个有钱的傻瓜的胜算要大。

希望我的回帖能对你有所帮助。如果你对'租赁'感兴趣，请跟我联系。

罗波·坎贝尔（J·P·摩根银行多种产业投资顾问）

所以，别太把美貌这一优势当回事，不然它会成为你修炼路上的负累。

你若是觉得自己漂亮，就去中专、高职转一圈，那里漂亮的女孩儿多了去了。所以，单纯的漂亮并不是绝对的资产，同类竞争者太多，你需要具备其他的附加价值，比如说——学识、能力、才华。你若是名校学生，那你的漂亮也许会显得醒目很多。人家会这么夸赞："哇，她真是才貌双全！""简直是集美貌与才华于一身的奇女子啊！"而前者更多地会被形容成"绣花枕头一包草"。

有一位女演员，是有名的"娘娘"，不仅演技专业，还才华横溢，书法、绘画、唱歌、跳舞，样样拿得出手。有品位、有爱心、有童心，关键还长得好看。这样的女人，在成为辣妈以后，自然是把两个孩子都教育得是极好的。如今已经不只是男人们的时代了，女人也要修身、齐家、"闯"天下，没两把刷子，都不好意思"砌墙"。

你看看荧幕上的女明星，瞅瞅身边的女朋友，现在的美女越来越聪明了，知道怎么经营自己，不甘于只当花瓶。明明可以靠颜值活着的人，现在都走实力路线了。再看看镜子，还是断舍离掉白日梦，赶紧看书去、努力去、修炼去吧。

至少你可以做这些事：阅读与思考，让自己的大脑不断地得到锻炼；听音乐与片刻独处；学习一个新技能或是一门新语言；参加一些有意义的志愿者活动、讲座、读书会，给自己带去心灵的愉悦。

舍掉自怨自艾，建立自身竞争力

我们一直说"心有多大，世界就有多大"。这对了一半，其实"心大，能量也要大"。

有句话说："有一种落差是你配不上自己的野心，也辜负了所受的苦难。"扪心自问一下，心大的你，长期以来，是在不停地自怨自艾，还是在坚持为梦想努力？

常常听到有人这么说："你说的这些我都明白，但你知道，做任何事都需要本钱，可是，我是真的什么都没有。"但他们是不是忘了，好多之后有本钱的人之前也什么都没有。再者，他们真的是什么都没有吗？

比如Jane，在一家中等规模的公司上班，她的部门里总共有3个管理者：一个部门经理，两个"普通"主管。她就是"普通"之一。她的难过在于另一个"普通"比她漂亮，比她嘴甜，比她更受老板重用。所以相比之下，她觉得升职无望，有些泄气。她希望那个女的能够被调去做部门内的另一块业务，因为论能力，自己是强于她的。她部门总共有两块业务，一个是做主系统的开发，另一个是做开发支持。这两块业务互相关联，没有说哪个重要哪个不重要。目前她俩都在做主系统开发这个业务块，而另一块暂时由经理自己在兼顾。

我问她："两块业务的工作内容差很多吗？"

她："也还好。"

我："另一块工作内容你能handle（处理）的了吗？"

她："应该没问题。"

我："你目前所在的业务块会有个人发展的任何机会吗？"

她迟疑了一下，答道："本来我们公司升职就比较慢，更何况要升也肯定是升那个女的，她那么会拍老板马屁。那些职场的生存法则我都懂的，我相信如果我想做也一定能做好，我只是不想去做而已。"

我："既然这一块业务有'不可逾越'的竞争者，你拼又拼不过，或者用你的话说是不想拼，为什么还期待靠祈祷能够有所突破。何不向老板主动请缨去负责另一块，在那里你会有独当一面的空间。况且，如果你负责那块，就是该业务的带头人，之后手下队伍壮大是迟早的事，那么被升成经理指日可待。为什么非要跟人家挤在一块儿。"

她："毕竟现在这块更加偏核心一点，而且，我不甘心。"

我："问题就在于你的不甘心。现在在你面前并不是看不到光的前景，可你却盯着一小块地儿战战兢兢，好像山穷水尽了一般。可事实上，明明能够有更广阔施展的空间、为自己开拓更好的机会却放着不去争取。"

像Jane说的，她了解职场生存法则，只是不屑去做，就好比学生说"我知道以我的聪明，努力一点一定能考出好成绩，我只是没有努力罢了"。在我看来，都是将不成功归于外因而不从自身找原因。

我不禁想问认为自己一无所有的朋友们："你真的一无所有吗？"

田忌赛马的故事小学就学过，假设你的竞争力在A、B、

C三个方面，为什么非要用A去比拼对手的A+，用B去比拼对手的B+，用C去比拼对手的C+。你三方面的竞争力虽然都不是最佳，何不转个弯儿，用C去应对A+，像练太极一样避过，败也就败一回。但在能发挥自己强项的地方，用A迎战对方的B+，用B迎战对方的C+，那么总体也是胜的。关键是要了解自己的竞争力在哪里，懂得平和心态、调整战术，切忌故步自封，因小失大。

首先，怎么样认识到自己的"竞争力"？管理学常用的SWOT分析可能可以帮到你：S，Strength，代表自身优势；W，Weakness，代表自身弱势；O，Opportunity，代表外部机会；T，Threat，代表外部威胁。将你自己放在所处环境中，分析以上4个方面，判别自身在环境中的竞争力是怎么样的。

然后，如何培养最有利的竞争力？——差异化。

田忌赛马的故事虽然大家都不陌生，但很多人在实际工作和生活中不懂得去运用，反而一叶障目，导致患得患失，让你花很多不必要的时间去应对你的假想敌和潜在竞争者。

但是人要站在更高的角度去看待事物，才可以看得更远、更全面，对事物有更清晰的把握。

当初我在大学毕业找工作的时候，在两家世界五百强外企给出的Offer（录用信）中犹豫。一家是女孩们梦想进入的法国快消品公司，做培训助理；另一家是男孩们趋之若鹜的德国工业巨头，做销售助理。两家都是各自行业里顶尖的。若是想要一辈子在企业里工作，那家快消品公司应该是个不错的选择，适合女性，结识的都是与美有关的人，获得的是化妆品行业的经历和经验。选择这家，就是选择了这个领域，即使今后跳槽也可以不跳出这块，比外行人空降到这个圈子要熟悉得多。所以，对于女性来说，这是个具有吸引力的行业。但若是想今后自己出去创业，那比起行业优势，我更想在几年内了解企业拓展、运营与管理经验。

首先这两家都是大公司，学习到良好的职业素养肯定不是问题，几乎都会受到一些专业的培训。身边都是优秀的人才，人际交往的磨炼也都差不多。差别是，把我放入快消品公司，那就相当于往万花丛中丢进一朵兰花，不够艳丽，同事中和我同质的女性太多了，机会就这么些，要想在如此激烈的竞争中厮杀出升职路，而且还得表面如湖水般融洽，难。但是，在另一家工业企业，阳盛阴衰，一个8分优秀的女性能显出10分的光芒。男同事们大多不会与女性计较得失，且愿意彰显男人气度，在工作上悉心指导。若你又具备胆大心细、高效的执行力，很容易得到高管们的瞩目。

若你问我："你选择当大池里的小鱼，还是当小池里的大鱼？"

我的回答是："我会先到小池里把自己养大，游出名堂，混成somebody（重要的人物），再到大池里。那时候，我哪怕是小鱼，也不会小到哪里去了。"

这就是差异化本领。我有一方面的优势，就把自己放进在这方面弱势的池子里洗一洗，在小池里混得风生水起后，再到大池里营销自己获得过的成绩，大池也必定非一般地对待你。

为什么我说，你好歹要在一个地方先养成为"大鱼"。

因为马太效应，强者愈强、弱者愈弱。强和弱的发展曲线都是加速度的。社会的资源会倒向强者。当然，反之强者也更懂得掌握和运用社会的资源。

借用一位微博名人说的话:"一个人的一生就是让自己变得不断值钱的过程,不断值钱就意味着自身不断进步。在一个市场化的社会里,每一个人都有自己的定价。如果你值钱了,你讨价还价的机会就多,工作的机会就多,升迁的机会就多,让生命自由的机会也就增多。"

《生活需要自律力》一书中描述"人脉主义"的拓展基础是:Be a Better you(成为更好的你)。是的,不管在哪里,在什么场合,不必攀龙附凤,不要矫揉造作,不用虚伪迎合。你若有竞争力,总能够有好的际遇。

再说回差异化竞争力:找一个能把自己优势放大的地方,尽情施展。

开玩笑地说:假如你的长相,在模特界里不起眼,历尽一切步步惊心都无法上位。但同样你的长相,在快递界就是快递界的吴彦祖,那没送几次快递,你的帅气一定会显得格外耀眼。一旦几张照片被花痴迷妹们发到网上,没准还能震惊模特界……那些什么豆花西施、鸡排妹,不就差不多走的是这个路线吗？起作用的就是差异化优势。

如今好多人都在往北上广挤。大城市确实有大城市的好，制度已相对成熟，该暴露的问题早被精英们扒出越改越完善了。所以，相比起天高皇帝远的小城镇，大城市确实透明化、标准化很多。更多机会吸引着这些没有人脉、没有背景的有志青年来到一线城市奋斗，虽然竞争真的很惨烈。

比起在一二线城市长大的年轻人，这些"漂"族的差异化在于，更能吃苦，更珍惜机会。确实有实力的，再用几倍的努力花下去，终于也能熬出头。这里是实力、努力、运气的结合。本地人不愿做的事情，他们做。这一部分人，抱着来淘金的心，怀揣梦想，希望某一天衣锦返乡，可最终却迷失在大城市的高楼大厦里，做着最辛苦的工作，拿着最低廉的薪水，仰望星空，这颗叮叮当当的心竟无处安放。

首先，并非所有来闯荡的青年都有实力；其次，有实力但不努力者也比比皆是。如此，在大城市的企业里也显不出什么差异化来。那么，还能往哪里找差异化？基层！

其实，随着国家城市化的快速发展，城市化建设越来越好，现在很多人聪明了，不跟北上广的家伙们去竞争了，太辛苦，而且还背井离乡。他们的实力，在家乡当地足以进一家好的公司。现今越来越多的资源在往三四线城市转移，越来越多的大企业注重内陆地区的市场开发而在那儿开起了分厂、分公司。所以，几年过去，去"漂"的人没存到多少钱回来，每个月交完房租所剩无几，在小城镇的人倒是在这里已经买了车子，供起小楼。

所以，没必要跟着大众一窝蜂地去做什么事，就像股市，高点进去的时候已经晚了。要找到自己的差异化优势，再规划好自己的前进路线。一个阶段后，拥有更新的差异化优势，再微调、拨正自己的前进路线。最后，你将拥有无论在哪里都吃得开的"格外优势"，那时还怕自己会没有竞争力吗？

我对自己的"打趣儿"认知：既不是很聪明，也没有很漂亮。所以，我不跟美女比姿色，也不跟才女拼智商。

我的差异化优势在于：我在勉强算作美女的女性中是有智商的，又在勉强算作聪明的女性中是有点颜值的。

知道怎么经营自己，培养竞争力，足够了。

拖延断舍离，成功的捷径是立刻行动

6月份的毕业季，我爸的几个朋友通过他找到我，希望帮他们的孩子推荐个好的工作。看了看简历，找应届生们本人聊了聊，真的觉得挺失望的。说自己学习能力强，可大学成绩平平，还挂科。无论读书、社团、实习都是沾沾边，没一样是真正拿得出手的。大学4年打打游戏、看看剧，临近毕业想找工作时倒是着急了，都想进名企，都想找事少钱多离家近又有发展前景的工作，一天一条短信说自己会努力，希望给个机会。好逸恶劳，"努力"这两个字履行得比别人晚，"成功"这两个字又期待得比别人早。总而言之两个字：浮躁。

不经历风雨怎能见彩虹，人人会唱，可就是不去做。别不相信，光说不练的人多得是，你看看外面有多少补习班。在课堂上免费的课开小差，成绩落下了，再花几万块钱去补课。这叫作花钱给自己的安逸埋单。光说不练，梦想比手脚走得快，梦想都到天上了，手脚却还没有动一下。敢想，你也要敢做。有时候，不逼自己一下，真的没脸说尽力了。

拿我写书这事儿来说，既希望能分享生活中的一些领悟，又得想办法将这些领悟以更加浅显易懂、可读性强的语言表达出来。从我讲话的速度可以了解，我的大脑应该也是高速运行的，所以，这样的思维转速要落到笔尖，反倒成了一个大工程，有时恨不得有种机器，能够瞬间将脑袋里想讲的话转变成最流畅的文字。大脑里想到的观点或者案例，若不马上记下，被繁杂的事务一冲，忘记的概率很高。所以，我要求自己，无论当下在做什么事，一有灵感就立刻在手机里记下关键词，等写作的时候再把那几个关键词整成一个观点。

出书让我感叹，当作家真的不容易！平时要忙的事情太多，等空闲下来，只想彻底放松在沙发里，窝着上会儿网、看会儿轻松的节目，散散步，看看电影，和朋友约出去喝喝下午茶……总之，期望做的都是些不需要动脑筋的事。想想全世界都在过周末，而你要专注加班的感受吧，面对吃喝玩乐的邀请，只能婉拒，继续埋头做事……差不多就能够理解我。有的时候，删了写，写了删，写来写去还是6万字。

有时朋友会问："还没写完啊？有那么难吗？"我就回

答他们:"当然难。如果不难,那所有人都当作家了。"转念一想,对他们说的这话,不应该对自己说吗?一直等着有空再写,忙完再写,先玩一会再写,今天出去happy(快乐)明天再写……那只会越来越难写。一篇文章尚且要讲究脉络通顺,更何况一本十万字的书,从整体布局到细节描述,都得顾及。要是容易,那还稀罕我做什么,简单的事谁都会做,难的事才有进入门槛。把难的事做好才是本事,也才能建立竞争壁垒。

不知你们有没有类似的感觉,假设你其实什么都没做,却得到了表扬,会不会特别不好意思。我就是如此。若让我硬是东拼西凑接下去的几万字,交给出版社,那样的"完成"不踏实,哪怕成功,连自己都说服不了。

写书,尤其得完全沉下心。就这样,我在那之后,坚持每天晚上及每周末到一家咖啡厅,固定的座位,专心地慢慢写,直到写完。因为那个环境,那个位置,那里的温度、湿度、芳香度是能够让我安心写东西的。

克服拖延,我常用3个方法:心理暗示、借助外力、积少成多。

心理暗示有两个层次：第一个层次是，告诉自己，得离开舒适区。我自问：那些让人舒服的事，看剧、刷微博，谁都能做。但那些传统定义上的成功人士，如马云，他现在看韩剧看到停不下来？马化腾此刻正在刷微博看明星？李嘉诚已经跟着抖音笑了两小时了？不会嘛。你想成功，想实现财富自由，但你的行为都在通往这条路的反面。你要是在舒适区里实现了逆袭，那不符合自古以来的"成功法则"。所谓自古以来世界运行的规律，就是老子说的"道"啊，要合乎道。

第二个层次是，我的个人经验表明，离开舒适区也不过就是经历5分钟阵痛期。比如，我不想做作业，与其花3个小时做心理建设，不如就把自己摁在翻开的作业面前先做5分钟。5分钟后，其实我已经建立起和作业的熟悉感，思维也已经进入作业模式，那时候便适应了新状态。

借助外力，比如说，我会把一些难以执行的事情和喜欢的事物联结起来。还有3份合同要看？没关系，我在办公室里打开了精油香薰。你家小孩儿不想吃饭？你用他最喜欢的卡通人物印在碗的底部，只有把饭吃干净，才能看到。

积少成多，这就像储蓄理财一样，每个月把工资的1/3用于储蓄，随着时间的推移，积蓄越多，你的抗风险力就越高，至少你存了一笔应急的钱。同样，你在暑假，每天写一点作业，那点作业占你整天时间的1/24，临近开学，你就不会焦虑，因为作业在一周前早已全部做完，这周可以享受最后的暑假时光。"Deadline（截止日期）是最强生产力"没错，可你不知道人生的Deadline是哪一天，难道要等到50岁再开始施行你20岁时的梦想吗？"逆袭因子"就埋在当下的每一天中，让自己：

（1）每天至少做一件"做了与没做不一样"的事。
（2）消极怠工的情绪不要超过一周。

一个企业家朋友说：别被"心有多大舞台就有多大"的美丽童话骗了。天下之大，谁的心又不大呢？很不爱跟那些站着、坐着或躺着说话的人说话……我们从来都是边走边说的。

人不可能与世隔绝，身边总有一些条件比较好的人。如果把这些当成是努力的目标，不管他们的经济实力是来自于父母还是自己谋求的，都应摆正心态，给自己规划好方向和实施步骤，让自己往那个方向坚持，边执行边充实计划，也边修正目标和期限，那么，相信自己一定能过上想过的生活。但如果只是把这些当成使自己丧气的理由，那么除了给自己招来自卑、压抑、泄气和心理不平衡外，没有多大益处。

方法带你去往高低远近。要善用管理学中常说的PDCA循环规则到生活中（Plan指制订目标计划，Do是实行，Check是对过程中的关键点和最终结果检查，而Action则是纠正偏差及确定新目标制订下一轮计划，如此循环）。

学会记录和总结，可以帮助你发现规律并做出改变。

人生本身就是众多战术组成的结果，成功不可能一蹴而就。试的比别人多了，实现的概率自然就比别人高。

成功的捷径就是立刻行动，能否做到是能力问题，去不去做是态度问题。

做了不一定成功，但不做，一定不会成功。

离开舒适区,永远像实习生一样工作

Stay hungry, Stay foolish.(求知若饥,虚心若愚。)

——Steve Jobs(史蒂夫·乔布斯)

在大四拿到Offer的4家企业中,我挑选了一家所应征的职位最符合自己喜好的DSA公司实习。DSA后来也成为我毕业后的第一份工作,与我的第二家公司DSE同属于DS集团。

实习第一天,有些小激动,坐在办公桌前的感觉很新鲜,桌上放的文件架都显得像那么一回事儿。打开计算机,静候有人能够走过来告诉我可以做什么。这个星期,我的顶头上司、DSA中国区销售总监Jonas出差,也就是我还不能正式开始销售助理的工作,只能先帮办公室其他人打打下手。

几个搞技术的年轻小伙儿告诉我如何用公司电话拨号、如何使用传真机和打印复印扫描一体机……那一个星期，当当"影后"也挺开心，毕竟学的也是新东西。

一次我经过打印室，看到两个同事盯着一体机埋头研究，待我从洗手间回来，他们还在那儿。

我好奇地上前问："有什么我可以帮忙的吗？"

他俩看到是我，没抱多大希望地说："我们要复印这张采购订单，可是试了各种模式都无法识别纸张类型，A4、B5都报错……"

讲完，他们继续按着钮一次一次试。

我很不解："请问你们复印出来的纸张需要A4的吗？"

"当然啦！"他们觉得我真是多此一问。

我小心翼翼地说："既然你们需要A4纸，那为什么不在这张采购订单的背面盖一张A4的白纸？一体机不就可以识别了。"

他俩愣在那里……

这事儿让我突然意识到：克服思维定式是多么重要。

实习第四天，DSA总经理Hayden找我进办公室，脸色凝重……先简单介绍一下这位总经理，美籍华人，比中华人民共和国成立还要早7个月出生，妻儿都在美国，独自一人居住上海，每年圣诞节休两个星期的假，回去一次。负责DSA的Factory（制造）那条线，管辖包含采购、合同执行、技术研发、生产组装、仓储及物流。DS集团每一事业体都分为Field和Factory两条线。Field在集团中涵盖所有销售市场相关，Factory在集团中涵盖所有生产相关。Hayden表面看似是个慈祥的老爷爷，实际上那硬挤出的笑容底下藏着一只"狐狸"。

在办公室里，Hayden先是简单地问了些我的情况，什么学校、哪个专业、对于这家公司有什么想法……慢慢地说到正题上，问我文章写得怎么样？我对于自己的写作才华相较于这个工业圈里其他人还是有信心的。他拿出一份报纸，让我看一篇文章，关于DSA在外地一个项目上被当地有名的开发商投诉登报的事。等我看完，他问我对于报道的看法，我如实回答："报道有一定的倾向性，是为那家开发商说话的。"

他微笑地点点头："你另外写一篇倾向于我们公司的新闻稿，如何？"

我迟疑了一下，问："Hayden，可否冒昧地问一句，报道上的内容是真的吗？"

他说"是",可表情并不在意。

共事一年后,我才知道,这是他的一贯思维,对于产品质量和服务理念十分薄弱。甚至有一次开会,他当着全球CEO的面理所当然地表述:产品质量控制不就是项目现场一旦出了问题马上派人解决嘛。

当时我心里嘟哝:"新闻是真的,那你还要写文章反驳,一来一往,事情岂不是闹得更大。与合作方的矛盾也会激化。争议是新闻的催化剂啊。"但一个小实习生懂啥,就凭课本上的知识和浅显的认知,哪里敢对"厂长"的提议有什么相左意见,只能表示愿意试着写写看。

Jonas出差回来,他很诧异Hayden竟然在未跟他商议的情况下就让我着手写稿反驳,毕竟市场方面的事宜是Jonas的管辖范畴。他认为在还有余地的情况下不应把与合作方的关系弄僵。况且从Report(汇报)的角度,Jonas才是我的老板。在外企,组织架构和汇报关系十分鲜明,纵使是总经理要求一个基层员工做事,也必须在礼貌上和规矩上征得他直属上司的同意,哪怕他的直属上司只是位小主管也不例外。在Jonas表态后,此事作罢,我舒了一口气。

事情并没有结束。只要负面新闻一被登在报纸上，网上转载也会随即到处出现。Jonas和Hayden都很重视，这是公司成立以来第一次爆出负面新闻，若不把这火尽快熄掉，烧到亚太区，不但会影响刚起步的销量，而且也会成为管理层的一个污点……事已至此，公司一方面积极联系该开发商解决已经造成的问题，另一方面尽力消除网上大量转载此事的报道。

可当时DSA刚进入中国，还没有设立市场部，谁可以做这第二个方面呢？Field这边，除了6位销售经理、2位项目管理经理外，只有Jonas和实习才一个星期的我。Better done than never（做总比不做好），Jonas让我想办法删除网上转载的报导文章。虽然知道他这只是在想出其他解决办法之前的随口一说，并没有对这个指派抱有多大希望，可作为接任务的我却不敢怠慢，自觉责任重大。不知怎么着手处理，只得自己在计算机前瞎琢磨。

我想如果我是客户，要搜索某一产品的口碑，最常用的途径就是通过Google和Baidu这样的搜索网站（后来才知道它们有专有名词叫"搜索引擎"）。所以，首先我得了解当下的"情势",自己输入带有DS中英文名称关键词,发现搜索结果的前三页近60%都是该新闻。也就是说若是能把搜索引擎上的消息删除,那不就大大降低了该新闻被人看到的概率?一想到这里,我马上打电话给Baidu。客服人员告诉我,搜索引擎是无法删除或屏蔽任何搜索条目的,除非是政府规定或法律限制。是啊,我怎么那么笨,搜索引擎如果能被人为屏蔽,那不是扭曲了它的本质了么。

我接着问:"那请问如果网上有不实报道,该怎么办呢?"

"只能联系报道的网页。"

我追问:"那没有办法把那些条目不要显示在Baidu前5页吗?"

电话那端清了清喉咙:"也不是没有办法。搜索引擎一般是抓最新的新闻,或者网友较感兴趣的新闻,如招聘信息等。"

太好了,电话没有白打,还是有点收获。

我赶紧跑到Jonas办公室,把想法告诉他。要让其他人同意自己的想法和做法,必须先有理有据地说服他。Jonas将信将疑,但还是愿意让我试试。有了Jonas的口头授权,我再到

HR面前对她说Jonas让她将近期要招人的信息本周内发布到招聘网上。一定得说是营运总监的意思，因为没有一个经理会听一个实习生的指令。HR大致也猜到这次那么紧急发布招聘信息应该跟最近这件大新闻有关，立刻同意。

接着，我向Jonas请示公司最近是否有正面的新闻可以发布。他想了一会儿，告诉我今年3月份有发布过一款新产品，但是没有我要的新闻稿，只有德国总部曾对该新产品的推出发布过全英文新闻稿。我问他要来了英文稿件，在对产品毫无了解的情况下通过网络词典查询专业词汇协助翻译。翻译只是基础，还得将这篇DSA全球的新闻稿修改成DSA中国的。完稿后，递给Jonas审批，他很满意，同意我联系媒体发布。

再下来，我联系了一些已经转载负面新闻的网站，直接找到他们主任，由公司授函要求他们删除有失偏颇的报道。这些网站只是抓取新闻，哪里有空真的去考察新闻真假。那个时候，我都快忘了，自己只是个实习生。

没有想到，麻烦变福气，这次"初生牛犊不怕虎"的尝试举措让网络转载的新闻在一周内骤然减少。我居然莫名其妙地做了应急公关做的事儿，Hayden和Jonas亦是对我另眼相看。风波过去后还传到了亚太区总监Antony耳中，成了应急公关的"优秀案例"。甚至一年后DSE的市场部专员还来请教方法。

Special Case（特殊案子）处理完，作为销售助理的职责才刚刚开始，竟发现这开头简直就是《杜拉拉升职记》的翻版："这个岗位有点像全国销售团队的管家婆，负责全国销售数据的管理，协调销售团队日常行政事务如会议安排等。工作内容琐碎，又需要良好的独立判断，哪些事情得报告，哪些事情不需要去烦老板，遇事该和哪个部门的人沟通，都得门儿清。要干好这个职位，需要一个手脚麻利的勤快人，责任心得强，脑子要清楚，沟通技巧要好——总之呢，要求不算低，待遇不算高。"我的工资肯定是不高的，对实习生那叫"补贴"，按天计，月结。

像我这样的实习生的存在，让好多同事的惰性得到了充分的发挥。如果Field这边的打杂还算是本职工作，那么做下面这些事一定是哪里出了问题：帮生产部经理在一本比辞海还厚的本子的每一页的每一细行的每一小格里盖章，帮会计把如山高的纸质表格录成电子版，帮所有部门复印、扫描、打印、装订……还要当前台接每个电话，温柔地说："您好，DSA，请问有什么可以帮您的吗？"

如果说有些公司是把"女人当男人用，男人当畜牲用"，那我就是跳过了"男人"这个阶段。实习第三个星期，工厂的合同经理突然辞职，把自产产品的合同执行工作交接给画图纸的同事，而把进口产品的合同执行工作交接给了——我。这位上海交大毕业的先生临走前赐予我的交接时间只有1个小时，公司对我也没有其他任何培训。换句话说，所有的跟国外工厂下订单、拟合同、进口、清关报关、合同执行……都得自学。

一个月后，来了另一个实习生——行政助理。我以为Factory那块的杂事儿终于可以由她分担了，那我就可以专注我的本职，为Field做事。没想到来的这位姐姐真是个主儿，该她打杂的那份儿她也不接，同事们只能又厚着脸皮来找我……终于，我鼓足勇气发了邮件给Jonas，把我几乎每天用来处理固定任务、临时任务所需的时间罗列了一下，让他深刻意识到如今的工作量已经不是时间管理得好就能负荷的，职责范围应该清晰。第二天，Jonas回了邮件给我，表示对于我工作努力的感谢，并发了邮件给HR，明确我的工作范畴。

这次的勇敢证实了：适当say no（拒绝）很重要！既是选择力，也是断舍离。

我在网上看到很多应届毕业生被企业主管们定义为"草莓族"：表面光鲜亮丽，却承受不了挫折，怕苦怕累，一碰即烂。这并不是我鼓励的现象，我所谓的"适当say no"指的是时间管理、轻重缓急安排的层面，并不是说对指派的工作任性拒绝。

"Focus（专注）"让我的工作效率越来越高。半年后Jonas给我涨了实习工资（当时比很多知名投行、咨询企业的实习工资高是比较难得的），我对自己自然要求更严、更高。每当有销售经理带着客户来工厂考察，我就会像个小跟班，拿着样本册跟在后面听销售经理滔滔不绝地介绍。若是他们准备进会议室商谈，我便央求销售经理让我以他助理的身份旁听。时间一长，若是零售的小客户要来工厂看样品，销售经理又无法分身陪同时，就会让我带客户参观和介绍。

一开始对产品没有深入掌握，只能依样画葫芦地讲解，经过不断请教、不断学习，终于可以将产品的优势透彻地表述给客户听。

我们的零售客户大部分是别墅业主，为了使产品能较完美地匹配于别墅整体，他们会亲自来DSA选型采购。由于客户不是技术专家，纷纷抱怨我们的样本册太工业化，里面写的数据也太过专业难懂。这就像家里要买一台电视机，没必要懂电视机的内部结构、工作原理，顾客更倾向于了解外观、功能和居家生活的优势。我向Jonas转述了客户的想法，他想了2分钟，转身拿了本DSA意大利公司的产品样本册，问我对这本的看法。我一打开就被生活化的图片和丰富的功能选项吸引，直赞如果我是别墅业主会更倾向于这本。Jonas一听，露出浅浅的微笑："如果把样本修改的任务交给你，你有能力试试吗？"我点了点头。

第二天下午，Jonas带我见了合作的广告公司老板，三个人坐在一个咖啡厅，研究近似产品的样本册的不同风格和排版，讨论方案，画出设计雏形的草图。接下去的一个月，我与广告公司设计师沟通、修改、再沟通、再修改……为了能让电话中表达的内容更加清晰明了，我自学Photoshop和Illustrator两大设计软件，将Idea做更形象的表述，发给设计师，再电话解述。终于一个月后，反复修改确认的样本册得到Jonas的认可批复，并拿去打样、印刷。拿到新样本的那一刻，真是有种说不出的成就感。

慢慢地，Jonas亲自陪同重要客户的时候也会将我带在身边做记录。毕竟是加拿大籍，Jonas中文不溜，一时词穷的时候，我也能提个醒。我能感觉到，他很希望我毕业后加入公司，而且他应该会很愿意培养我，给我机会。

有一次有位建筑院的女客户，北京人，特别能唠嗑。Jonas和我陪同她在会议室足足待了3个小时，其实项目上的事早就谈完，后续就是她在空谈些不切实际的想法。眼看再过半个小时就快下班了，她还谈兴正浓。我偷瞄了一眼Jonas，他很镇定地听着，看不出到底是不是跟我一样也厌烦了，还是只有我不成熟地在心里咒骂。Anyway（不管如何），我决定冒一次险。我回头看了眼墙上的钟，打断客人的侃侃而谈，对Jonas说："不好意思，Jonas，您5点不是约了和荷兰那边的电话会议吗？需要提前15分钟试信号。"终于，成功阻止那位客户继续讲她大学时的梦想……

送走了客户,Jonas问我:"童童,我真的和荷兰约了电话会议?难道我忘了?"

"没有啦,我编的。"

"那你怎么说得那么真!"

我放肆地甩给他一个不以为然的表情:"客人也在,难道要我说得像假的?"

Jonas一听,大喜,瞬间感受到我的善解人意。

2008年11月(别觉得是十几年前的事,很残酷地说,这十几年来的职场环境差不多,工资也差不多),DSA新财年全球销售会议上,Field团队从全球各地飞来集聚上海,除了中国区成员全数出席,还来了德国、荷兰、意大利、美国、澳大利亚、新加坡的销售经理及亚太区运营总监,回顾去年的成绩、制订新财年的指标。

我第一次与团队所有人见面,平时电话邮件的对象如今一个个真实地在我面前,虽是初次谋面,但没有陌生感。作为小实习生有幸能和那么多DSA高层在一起开会,我既紧张又兴奋。而且还是全英语会议,第一次参加竟有好多听不懂跟不上,内心不禁胆怯起来。为了避免大家看出我的心慌,我拼命抓取每个Presentation（简报）所有能够听清的词句，记下来，想等会后慢慢研究搞懂……会议进行到一半，突然有人大声喊了一句："Is there anybody taking the meeting minutes?（有人在做会议记录吗？）"此时大家才意识到原本在做笔记的某位经理接重要客户的电话出去了，久久没有回来。

正当老外们面面相觑时，坐在我旁边的德国女士说："Hey, no worry. She is taking the notes.（喂，没事儿，她正在记录呢。）"她指的就是我。我顿时吓出一身冷汗，心想："糟糕，居然无意给自己揽了这个活儿。如果会议内容都懂，我自然是欣然接受，可是现在的我还只是个职场菜鸟，甚至连职场都没有正式踏入呢。"好在我机械地记录完，会后在Jonas的指导下，搞懂了会议要点。而那位德国女士原来就是Jonas的新任上司：Viola。

两天的会议结束，DSA组织所有国内外同事上海一日游，浦江游轮、东方明珠……他们对我这个"Energy Girl（正能量女孩）"颇为喜欢，老外们更是觉得我很有趣，喜欢和我说话。我打趣为公司的产品想了句谐音的广告语，逗得他们连声赞叹"有创意"，居然后来还用这句英文广告语注册了域名。

在这次国际友人云集的会议上,我还认识了人生第一个老外朋友——Rob。好多年后才知道原来我的老板Jonas是他面试进来的。Rob也是我的第一个忠实粉丝,仿佛在他眼里我这位中国女孩是个魅力十足的明星,他总是叫我"Star(明星)"。多年以来,他每次出差来上海,都会和我聚餐,并且反过来叫我"Boss(老板)"。

想成为强者,先要拥有一颗强者的心。

有人说,职场没有公平。职场际遇确实很难事事公平,你无法改变不公,但可以选择怎样面对它。站得高方能看得远,淡然才能沉淀出气质。我很庆幸自己曾有那么疯狂和单纯的实习及工作经历。每天元气满满地投入工作,无心参与其他,如争宠或者闲谈。当整个公司都下班后,我一个人留在办公室加班,和欧洲有时差的同事联系,把当天紧急的事情处理完,总是最后一个锁门、离开、回家。那样充实的日子,虽然忙,但很有满足感。高压让我的办事效率越来越高,思维越来越敏捷,想法也越来越成熟。修炼的收获,还不归了自己?

转眼就快到毕业的季节，虽然我对DSA由衷感激，所学到的东西和所接触的人物已远远超出一名实习生能够接触到的，但还是想去试试看外面的机会。几次请假面试后，拿到了另外一份Offer，来自许多女人梦寐以求的快消品公司。冲着对该品牌的向往，我欣然接受该公司为期两天的交接培训。受聘的是Training Assistant（培训助理），并不是我喜欢的岗位。第一天培训结束，我大致了解今后的工作内容：除了能将Excel和PowerPoint练得炉火纯青外基本不会有太大挑战，望不到顶的基层员工生涯，被精明能干的女上司踩得死死的，一眼望去同事里80%是女人，剩下20%是比女人还女人的男人们。

我做了一张表格，从个人发展、企业发展、职位、上司、工资、福利、办公环境、同事氛围、交通等因素对两份Offer进行打分比较，最终还是选择留在DSA。

DSA是难得的平台，集团的影响力让工作背景显得光芒夺目，而在中国的刚起步又让我拥有一个与它共同成长的机会，可以目睹、感受、融入公司的创业过程。若是能做出成绩，还能有机会成为元老级人物，晋升也指日可待。

通读所有DS集团的背景信息，了解DS、DSE和DSA的关系和组织架构，掌握DSA所有产品线……看到网上那一年的世界五百强企业，DS排名前100，是全球×行业的领军企业、德国工业巨头，我都觉得好像自己沾了光似的。DS就像一个小世界，它有自己的文化、规则、旗帜、字体，甚至学校……很多国际型大企业都很注重人才培养，就像麦当劳有个汉堡大学，DS也有自己的学校，名为"种子精英校园"，为国内外员工开设各类管理、财务、法律、专业技能等方面的培训课程。对于希望见识、学习和提升的我来说，DS无疑是有吸引力的。

基于一年的实习，我被免掉试用期，签订劳动合同。在DSA中国，约定俗成的不是秘密的秘密就是应届毕业生的工资，无论什么岗位什么职责，都一样。只有我，在月薪那一栏写了：X千+500元人才保留奖。

考虑到会见客户和出差交通的便利性，上海的Field团队不适宜继续待在郊区的工厂办公，Jonas成功申请将Field办公室搬到陆家嘴金融中心。这对我来说绝对是件可喜可贺的事情——融入真正的魔都，接收更快更广的信息、更快的工作节奏。

来到陆家嘴，除了一如既往投入工作，也开始讲究穿着得体。不要怪社会太浮夸，怪没人欣赏你的内在美，因为在"眼球经济"的时代，外在美无疑成了竞争力的重要组成部分，任何可以提高自己竞争力的事情对于聪明的女孩没有理由不做。这里我并不是劝大家要浓妆艳抹，打扮得妖里妖气，而是应该内外兼修自己，让外在装扮透出你的内在品位、气质和涵养。

随着业务的拓展，我的工作越来越多，既是营运总监助理，又要开展市场部的工作，还得处理进口产品合同及进口部件订购……比总务还要繁杂得多。我的兴趣点在Marketing（市场营销），这是个需要"胆大心细"的领域，与许多要么大胆粗心要么胆小怯懦的人不同，实践证明我正适合：大版图看问题加上细节力。所以尽管再忙，我都很乐于思考一些利于品牌和产品推广的营销举措。只是当时经验尚浅，想的都是些基础的方面：样本、海报、媒体广告、展会、搜索引擎竞价排名和简单的市场信息查询。

我太希望能够深入了解Marketing（市场营销）并且在这条路上做出成绩，可惜公司并没有专门的市场部。"只差一个契机和一次大胆的自荐。"我心想。

2009年，公司自成立以来第一次参加展会——别墅展，让我全权负责。从场地协商、展台设计、方案落实、样品配备、人员分配到物料运输都由我一手包办。不是我不懂团队合作，而是人手根本不够，只能让同事们在本职工作的间隙达成我分配的任务，但我感觉得出来，这种没有额外报酬的劳动大家难免不情不愿。预算有限的情况下，既要控制费用，又不能降了品牌的档次，我必须保证任何细节都周到细致。

正式开展首日，亚太区总监Antony在Jonas和Hayden的陪同下参加了开幕式，见到我忙里忙外的身影，上前来打招呼。我顺手递给他新名片，说了句："Hi, Antony. Welcome to the show. Do you remember me? I'm Tong, Sales& Marketing Coordinator. Here is my name card.（Antony，您好，欢迎来展会。还记得我吗？我是童童，销售与市场协调，这是我的名片。）"

他愣了一下，没想到一个职位与他差很多级的新人会以这个形式打招呼。他接过名片，表示并没有忘记我，而且对我这个"能量女孩"印象很深刻,觉得我可以达成任何我想做的事。看他对展会十分满意,我趁势从展示架上拿新样本给他过目。他很惊喜地说这才是他认可的适合我们产品的展示形式。我心花怒放,乘胜追击地表达了自己的想法,希望能更加专注于Marketing(市场营销)的工作,并且有信心将这块做好……

展会结束后,我做了份小结报告发给Antony,抄送给Jonas和Viola。其中除了以数据说明展会的成功外,更表达了一切成绩多亏Jonas的悉心指导的感激之意。

两个月后,公司将我的进口产品合同及进口部件订购的工作交给了其他人,让我专注于市场营销及担任营运总监助理,还招了一名实习生负责Customer Service(客户服务),叫K,向我汇报,成为我第一个下属。

这里的文化随着Hayden对Field的排挤变得越来越奇怪。公司的销量不断扩大,对Hayden并不完全是好事。好处自然不用点明,坏处的话大约一是产量跟不上销量,暴露出很多问题,二是担心Jonas在亚太区的影响力日渐扩大,中国区所发生的质量问题不能再一手遮天。所以他对Field的刁难开始变得低级和矛盾，以总经理的身份处处压制Jonas的各项提案，甚至暗示Factory同事对所有Field成员的日常工作设置障碍。以至于那一年的员工旅游，Field只派我作为代表参加，其余不屑同行，自愿放弃。

两条线的泾渭分明让我对DSA开始失望，碍于Jonas的器重，加上工作还未满一年，我忍耐不提辞职。告诉自己，哪家公司没有大大小小的问题，况且我设定的目标还没有实现，在这样的形势下更要做好自己的工作，无论如何将Marketing做出成绩后再走。

我经常收到人事发来的更新通信簿，听闻Factory同事一个个入职、离职，平静地将通信簿打印贴在Field办公室公告栏，替换掉旧的。看惯了人员流动，渐渐觉得那也没什么大不了。直到Jonas的Announcement（公告）发布，我才知道，原来老板也是会走的。这无疑是晴天霹雳，我打开邮件的一刻真不敢相信那是真的：Jonas跳槽了，这是他在DSA的最后一个月。我用质疑的眼神望着坐在位置上的Jonas，他知道我要问什么，说："Sorry，和你们在一个团队那么久，我居然是第一个离开Field的人。"

收到Announcement的第二天，Hayden找我去工厂，到他的办公室，问我对在Field的工作是否满意。我吃不准他有什么目的，但应该不是好事。面前这位老先生，向来心胸狭窄、狡猾偏心，若是回答不当，很有可能会给自己带来麻烦。

我看着他，刻意回避用Field这个词，着重突出公司名称："我觉得在DSA工作很好啊，学到很多。Hayden，您为什么这么问呢？"我让自己放轻松，假装若无其事地反问。

他笑了一下，追问："你觉得Jonas如何？"

我脑海中顿时闪过他办公室会不会有录音设备的疑问。既不能合他的意说我前老板的坏话，也不能公然逆他的意思，我就轻眨了一下右眼，回答："您懂的。"

接下去的问答，我都装出一副对公司内部争斗全然无知的天真模样。他明知我是装的，也不好对一张"傻白甜"脸说得太明太细，何况他还有更迫在眉睫的任务要让我去做：举办公司2010年年会。

中国是DSA的重要市场之一，Jonas的离职使中国区营运总监之位即将空档，让德国总部有了稳定军心的想法，决定在他离开之前到上海开个会了解一下中国的市场情况和员工反应。由于这次DSA全球最大的老板——首席执行官和全球销售总监都会来，亚太区营运总监Antony和亚太区销售经理Viola更是亲自陪同，可想而知公司上下会有多么重视。难怪我之前一进工厂，就看到大伙儿纷纷忙着打扫、整理，像极了以前上学的时候一听说有教委来检查学校立刻组织大扫除。大Boss们的这次到来正值中国春节前夕，Hayden便打算将Jonas的告别晚宴和公司的新年年会一起办。为了今年能够真正办出年会的味道，不让老板们失望，Hayden希望我能够接手举办并主持。

把这个任务交给我，明白人都看得懂。第一，他自己的那些人只办得了年夜饭，从来没办过大型活动；第二，这么有限的预算很可能会使年会火候不够，办砸了正好说明我缺乏经验和能力；第三，若是侥幸办得好，那正好给中国区添彩，Jonas已经快成"过去式"了，栽培的荣耀只能亮在他脸上。不禁感叹，姜是老的辣。

依我的性格是一定会接受的，至少也是一个机会，错过多可惜。要做的就是尽全力将最好的晚会呈现在4位大老板面前,让他们记住中国区有这样一位Marketing负责人。

这次年会的难点就在于"照顾周全",将老板们捧为上宾自然是不用说,但作为中国年,基层工人们一年到头的辛苦总得换回一个也属于他们的年会吧。否则顾此失彼,怕落个只会讨好老板的嫌疑。

只会说"谢谢"的老外们和只听得懂"Hello"的工厂工人们欢聚一堂,真是件伤脑筋的事儿。全场若是只说汉语,那老外就无法融入;若是只讲英语,又太显摆;中英双语,则会拖慢晚会的节奏……准备时间非常有限,公司上下找不到合适的男主持,不是庄重得像主持春节联欢晚会就是轻浮得像夜店狂欢……为了控制整场节奏,我决定一个人主持,汉语主讲,英语点缀做概括性翻译。

老外喜欢中国风已不是什么新鲜事,博大精深的中华文化对于西方的脑袋瓜总是充满吸引力的,所以采用那些浓浓的中国元素已经可以博得基本的好感。我要做的就是把年会的中国味融成洋面孔们能够接受的程度,此外加入一些时下最流行的节目,体现年轻团队的朝气。

准备时间非常有限，我要求每个部门出一个节目，趁午休时间排练。装饰物品和礼品的采购交代给K，自己则负责联系场地、接送车辆及给人数最多的技术部宅男们排舞蹈。为了让今年的年会独具气质，我特地设计制作了精美节目单，温馨而正规。其中列出的"Special Part（特殊环节）"作为神秘的保留节目等待在晚会现场揭晓。

年会当天，大家提早半小时下班，包车送至酒店多功能厅。大厅最前方的舞台背景墙上挂着两个大大的中国结，放置在"2010 DSA年会"两侧。伴随着传统的过年迎宾曲，同事们攀谈、说笑，纷纷入场。

晚宴正式开始。开场舞先是4名技术男的《Nobody》，胖子、瘦子扭动着身体踩着音符起舞把全场逗得乐哈哈。随后我从幕后出现，与他们齐跳《舞娘》，纵使之前有同事已经看过零星的彩排，但料不到我们还有这一出。再最后，4位男士走下舞台，我唱《La isla bonita》，为寒冷的冬季带来夏日般热烈的桑巴……跳完，掌声一片……主持开始，轻松有趣地带出了一些新年祝福，也热烈欢迎远道而来的Boss。

节目表演和优秀员工颁奖穿插进行。进入Special Part（特殊环节），在所有人的期待中，我让服务员熄掉灯，大屏幕缓缓落下……幕布上出现一段我亲手剪辑的视频，展示了过去一年我们共同经历的、分享的、创造的付出和成果，背景音乐用的是那时刚过世不久的Michael Jackson的老歌《We are the world》……音乐渐渐小声，画面上出现一张张熟悉的脸，送出一句句祝福……大家才恍然大悟，这就是为什么我之前跑到每一位同事跟前非要让他们录制一句"Happy New Year! 新年快乐！"这段视频相信一定是深深地触动到全球CEO。幸运抽奖以后，还没等我坐下吃饭，他就上前请我将视频拷给他，"Great! Impressive! Tong.（非常棒！印象太深刻了！童童）"

晚会结束，同事们纷纷上前赞扬我、与我互道恭喜，Jonas表示这是他参加过所有公司的年会中最好的一次，洋老板们亦在临走前不忘与我握手称一句：非常好，谢谢。总之一场活动，平添荣耀。

Jonas离开后，Field名义上由总经理Hayden暂管，实际上亚太区销售经理Viola并不高兴让工厂的头插足销售的事，变相成了她直接领导。这位德国女老板不喜欢中国区的所有员工，中国区所有员工也都不喜欢她——我除外。尽管她挑剔、苛求、强势，但我能不厌其烦地达到她的一切要求。这点让DSA其他人佩服不已，故意酸我说："你都快成她的秘书了。她是我见过最难缠的老板，小心加油噢！"

我不制止大家在我面前评论Viola是个麻烦精，但也不会参与议论，要知道，得罪同事或者被同事抓住把柄都不是好事。况且对我来说，Viola是当下唯一能够抗衡Hayden的人，她更有可能将我的工作范围扩展到整个亚太区，从而给我更大的发挥空间。我奉行自己一贯的原则：谁决定我的工资谁就是老板，谁是老板就忠诚谁。要向前看，也要向钱看。

果不其然，我以上海的劳动力和材料成本相对较低为由，慢慢说服Viola让我分担澳大利亚、日本、新加坡和我国台湾地区的市场工作。试了几项任务，境外区域的同事越来越中意这种模式，既省下销售工具的制作成本，可以将更多预算用于市场部其他项目，又可以将亚太区的销售工具进行资源共享及品牌规则统一。而我在不断的接受任务，攻克难关的过程中，对各国市场推广手段及风格之间的异同也有所了解，取各国之长以学习，让自己变得更客观、更高效，也渐渐将亚太区的市场支持工作集中到中国。

Hayden终于还是向我"开刀"了，作为曾经Jonas的左右手、如今Viola唯一看得惯的人，他对我的芥蒂一直存在。可惜这次对付我的方式还是没能高级很多。跑来将这事暴露给我的是向我汇报的实习生K。那天她缓缓走到我办公室，不好意思地说："童童，我有件事想跟您说，可以进来吗？"

一般有人将对话这么起头就没有什么好事，我抬起头，说："请进。什么事？"

"前天我请假……是去了工厂……Hayden让我去的……"

"噢？"

"HR经理离职了，Hayden问我是否愿意去公司担任人事行政助理。由于我大学的专业是行政管理，我的兴趣也在这块，所以毕业后我想往这个方向发展……"

我没有表态，继续听她说。

"我真的特别感激您之前对我的指导，您对我真的很好。可我觉得销售市场这块不适合我。希望您能理解。"

听到这里，我哭笑不得，心里想着："唉，用脚趾头想想就知道Hayden怎么会让一名刚毕业的新人去担任人事行政。况且他最宠的合同经理巴望着兼管人事这块,哪里可能轮得到你。"但我仍旧没有表态,只是淡淡地应了句:"你已经想清楚了咯?这意味着你要调到Factory,回到郊区工厂噢"。

"嗯,我想清楚了,我家住在那边,工厂离我更近。"她接着说:"而且,Hayden已经和我签了劳动合同……"

我没有对自己的下属被签下劳动合同担任另一职位而发作,依旧平静地看着她,说:"嗯,好啊,既然你已经想好了,我尊重你的决定。希望你今后在新的岗位上能够更加出色。不过……你也知道,公司都有流程,你得以书面形式给我个说明,不然上头问起来我不好交代……"随后,便遣她回到座位写封Email给我。

K的邮件收到了,我看了一下,基本表达清楚了意思。我原版翻译成英文,犹豫着是否要转给Viola,最终还是没有按发送键,而是存进了草稿箱。因为我得先搞清楚Viola对Hayden的不满程度到底如何,而且新的营运总监还没有到,也不知道是什么样的新老板,若是盲目把人得罪一圈,那岂不是很傻。

我只好继续不动声色,在亚太区市场项目上与Viola加强沟通。渐渐地,我成了base在香港的Viola了解中国区情况的主要窗口。

"Hi,童童,销售经理们上个月的项目跟踪表汇总完了吗?"Viola在Skype上问。她几乎要求我分分秒秒坐在计算机前以便随时需要就可以找到我。

"还差西北区和西南区。他们要后天才能给我。"

"为什么?请让他们务必今天提交。明天我就要发给德国了。"

"……恐怕今天有困难,他们目前在上海工厂开会……"

Viola应该相当惊奇:"开会?和谁?"

"Hayden让他们去的,具体我不知道,他没有让我参加会议。"我据实以告。

显然她对于手下的人出差开会这事儿毫不知情,我感觉得出计算机那头Viola快气到尖叫。她让我发邮件通知一个月以后开全体销售会议。据说那天她好像还发了邮件给Hayden,貌似关于职责划分的事儿。

一个月以后她飞来开会,简单的寒暄几句就进入主题:"在各位进行各区域销售情况及所需支持汇报之前,我不得不讲一下发货问题。1月份全球CEO来,Hayden竟然自豪地对我们说如今仓库满满的,比起07年空荡荡的厂房,如今发展多么'迅速'。你们知道当时大老板的表情吗?脸都绿了!已经生产好的货为何迟迟不发,这些都是库存。你们作为销售经理有责任督促客户准备好场地以便按约定日期发货,难道合约里的仓储费一直形同虚设?"听她表述的语气,对Hayden的态度你们基本都能看出一二。

会议开到晚上7点,Viola请大家吃晚餐,吃完还得继续回去开会,因为有几位销售经理第二天就得赶回自己所在城市见大项目客户。那天差不多到11点多才结束。德国人就是这么严谨,一板一眼的。不过,我内心其实很喜欢德国人的风格。

用餐时,Viola坐在我边上,问:"为什么我这些天都找不到Hayden?明天我还打算去工厂看看发货情况。"

"他去海南了。"

Viola再问:"那合同经理呢?为什么我也找不到她,

手机永远没人接。出口到泰国的产品的生产进度得让她告诉我。"

"她也去海南了。"我犹豫要不要回答,但这种情形,"不得不"回答。

"出差?!一个合同经理去海南出差?去解决现场问题?他们一起去的?还有谁?"Viola睁大了眼睛。

销售经理中冒出另一个声音:"就两个人去的。"

我说:"具体我们也不清楚……唉,新加坡和迪拜的同事经常找不到她,不是在培训就是在出差,要不就在休假……找不到的时候就来问我……我都像是合同经理的秘书了……"

Viola停下她正在用餐的刀叉,先是没表情地顿了顿,随后泛出一丝尴尬的笑容。

新的中国区营运总监即将于一个月以后到任的消息不胫而走,听说是位经验十足的"老法师",曾是行业内有名的"黄埔军校"、另一家大集团的VP(副总裁),人称"Boss Fred"。看来把那么一个人物挖过来,DSA总部想要进步的决心很大。听一名跳槽过来的同事说,他们曾经在一家公司,但级别相差很多,他只在企业开大会的时候远远瞭望过这位在台上发言的老板。

不巧，Fred到任的第一天，我正巧请假不在公司。同事们开玩笑地说："你可真是史上最牛的助理，老板第一天来上班，你居然不在。"这话说得我有些心慌，素未谋面的Fred到底是什么样风格的领导呢？会因此对我有看法吗？

第二天，我早早地到办公室，才一进门，看到他已经坐在了那里。我定了定神说："您好，Fred，我是Tong，您的助理，也负责市场部。"他瞥了我一眼，应了声"早"。我尴尬地坐到位置上，打开计算机，开始处理一封封邮件……

"Tong，你有公司和产品的介绍PPT吗？有的话麻烦帮我打印一份。"他对我发出第一个指令。这好像没什么难度，PPT我一星期前才刚更新过，现成的。我马上打出一份放到他桌上。他拿过去一看，眯了眯眼睛，说："可以麻烦重新打一份吗？一张纸上包含6张slides（PPT页），字体和图标都太小，我看不清。"我心一沉，第一个任务被无情地打了叉，马上回到计算机前调整成2张slides在一张A4纸上，试打一张，请他过目。他微微摇了摇头，"2张slides是OK的，但内容版面相对于这张纸还有放大的余地，你看四周白边那么多，请再调整一下。"第一次见面，他丝毫没有客气。再次被退回的一刹那，我心里嘟哝着："真纠结，难道你眼神有那么差么！"但马上订正了自己："Tong啊Tong，你怎么可以那么不虚心。他虽然直白到不给面子，但要求却是合理的。"于是说了句"sorry"，再次回到计算机前，重新调整了一番，觉得应该比较周到了，才又试打了一张，递给他过目。这次他才勉强说了句："OK，谢谢你！"

虽然第一次"交锋"让我心里多少有点堵，但可以看得出来，Fred是个对工作很讲究的人，而且确实有一套规范。我反省自己，尽管算是个细心的人，但却没有在大系统中受过训练，不够professional（专业）。如今能直接向他汇报，跟着他学习，那一定能受益匪浅。

"Tong，请将上一个财年你做的工作和这个财年你计划做的工作整理一份文档给我。"Fred对我这个"现成"的助理还很陌生，他以前的下属至少也有上百个，如今碰到自己的助理还得兼职Marketing（市场营销），并且处理着亚太区的项目，他想搞清楚我的工作范围到底包含哪些。我一时半会儿琢磨不出他要的究竟是什么形式的文档，就傻傻地按照月份，将上一财年和这个财年的主要工作罗列在Excel文件里，发邮件给他。

大约过了半个小时，Fred找我，手上拿着打印出来的工作列表，开始一项一项与我交流，听我详细说明每个项目的意思，才缓缓地说："嗯，很好，看来你做了很多工作。既然你负责Marketing，主要工作也在于此，请你将2009年、2010年和2011年的Marketing各项费用明细表做出来发给我，今天之前的支出为实际发生的费用，之后的为预算。谢谢！"

接到这个任务我很诧异，工作将近一年，没有做过市场预算。以前觉得我只是个兵，没有权利去决定公司需要做哪些市场工作，甚至不知道这样一个企业每年花在Marketing的费用可以有多少。

Fred看到我做完的明细表后，问我是否可以空出半个小时时间与他逐一讨论上面的内容。我忐忑地说好。在那半个小时中，他对我所列的每一项内容提出了质疑，大致内容不外乎"为什么要做这个""如何得出需要这些预算"。从市场调研，媒体广告投放，网站、域名、搜索引擎竞价排名，门户网站合作，博客营销，产品介绍会，经销商会议，展会，赞助活动，到销售工具支持……我在他的引导下解答、修正完每一项。自己解释一遍以后，发现对所做的工作竟达到前所未有的通透。而与我这番讨论，Fred也有基本的收获。最起码，识人不浅的他能看得出我确实做了不少事，态度积极，有不错的思考力和领悟力，应该是可造之才。

"你知道什么叫Marketing Mix（市场营销组合）吗？"Fred并没有想放过我的意思，丢出另一个"球"。

还好我接住了"嗯，4P：Product（产品）、Price（价格）、Place（渠道）、Promotion（促销）。"

"知道Marketing Mix才能称得上是搞Marketing的。不过市场营销学并没有那么简单。你真的对Marketing那么感兴趣吗？"

"是的。我喜欢这块儿。"

"好，明天我带一本书给你，Kotler&Keller写的《营销管理》，回去看。"

我心底隐隐有种兴奋，对于Marketing，我正在慢慢精进。

K不合规矩转部门的事仍旧压在心头，Fred到任后我的事情越来越多，可K对于我而言却成了摆设。她意向已定，我便也无心再教她更多。不教她更多，她便只能做些杂事。与新老板共事不过几天而已，还摸不清底细，若他也是像Jonas一般soft（软弱）的老板，那还不只有忍气吞声的份儿。

可若是我忧虑的事情是真的，那我今后的日子无疑会很难过。何况发生这样的事情我却无能为力，那往后还怎么建立起威信。无论如何，我打算以此事试探一下Fred的反应。

"Fred，我们的O-chart（组织架构图）您有吗？"我不想切入得太像告状。

"有的，Antony已经给过我。"

"……O-chart需要更新一下，K以后不再属于Field，Hayden已经和她签了劳动合同，下个月正式开始人事行政助理的工作。"

Fred很敏锐："噢？你让她走的？"

"没有。我不知情。目前的工作量，我需要找一个新的人。"

"你的人与公司签约，你竟然不知情，真妙。"Fred故作惊奇状。

"现在的工作量,我恐怕无法兼顾亚太区的市场工作。请问,我可以将此事汇报给Viola,申请以后只负责中国区的Marketing吗?"我也是故意这么问的。

出乎意料,Fred竟然点了头:"既然这是在我来之前Viola暂管时期发生的事,你可以告诉她知晓。"

有了他的首肯,我当下就把草稿箱里存了两个多星期的邮件发给了Viola。没有任何添油加醋,仅仅是把K的邮件翻译成英文后加了一句:我恐怕无法继续帮忙亚太其他地区处理市场营销方面工作了,因为现在连K的职责范畴事务也得我自己做。

很快就有了成效,Viola向来心高气傲,邮件发送没多久就Email一封给Hayden并抄送Antony。她那么有效率,倒是让我紧张起来。Hayden的不讲理远近闻名,若不是赌一把Fred是个明智的好领导,我简直是把自己从暗处拖到明处,还赤裸裸地摆到了"砧板"上。

Hayden用惯用的狡辩伎俩将一切推在小K身上,说是她理解不清,又打电话埋怨我没有向他核实情况就贸然通知亚太区，电话最后甩出一句咆哮："我跟谁签合同需要告诉你吗？她原是汇报给你的又如何？我是总经理！"挂完电话，我不由慌张起来，把Hayden的话复述给Fred。Fred的淡定让我体会到"跟对老板真的是硬道理"。他只说了句："你作为K的上司，Hayden与你手下的人签劳动合同你知道吗？""不知道。""你知道你的手下毕业签劳动合同的工资吗？""不知道。""那不是很明朗了吗？"我听后豁然开朗。更让我兴奋的是，面前的这位新老板确实是位思想和心胸都很明朗的人。

相信Viola经过半年多与Hayden的工作接触，纵使没有旁人的煽风点火，也无法待见他。更何况他还明目张胆地把自己俨然当成了土皇帝，这是德国人很难苟同的。事情演变到最后，K是走是留，决定权落回到了我身上。我其实不怪K，这事本来就不是天真的她能左右及领会的，牺牲她这个箭靶也只会显得我心胸狭窄而已。但是留的话，是继续在Field，还是转去Factory？Fred只给了一句话："这个人你还要吗？"是啊，我干吗不去重新招一个更加合适的人呢。至于K，干脆做个顺水人情把这件事化了……

Fred新官上任的三把火烧得可不小。第一把,在一个月内召集各地销售经理开会。这个会议带给我很多第一次:第一次组织全国销售会议,会议日程、内容、食宿……事无巨细安排到位;第一次将会议地点定在度假村;第一次安排Team Building(团队建设活动),当时恰是上海世博会,我便组织大家会议最后一天参观,还特别在中国馆和德国馆前合了影;第一次以市场专员的身份做Presentation(演讲),还得接受大家的Q&A(问答),主题是Market Introduction and Focuses(市场介绍和重点)。压力越大能量越大,侥幸发挥得不错……他接下去的两把火,一把烧掉了业绩最差的北区销售经理,另一把招入行业内有20多年资历、被称为"铿锵玫瑰"的安装部负责人。

Fred的到来将大企业的规范一并带入。每位新同事上班第一天,必须接受入职培训。所以每次收到Announcement(任职公告)后,我就知道我又有为新同事做企业、市场和产品培训的工作了。

要成为一名优质的总监助理,一定得为自己的老板消除一切存在或可能存在的障碍。也许是一时疏忽,在发出新员工培训安排表的邮件里，Fred竟然忘记将Email最底下的他与Antony讨论的某段隐秘内容擦掉，被习惯邮件从下往上看的我发现。这个失误可大可小，必须尽早告诉Fred。可惜当时他正和东区销售经理Bob聊着项目情况，我实在不便打断。因为打断是没有用的，这事只能告诉Fred，所以还必须让Bob回避……

Bob是Field团队中唯一的异类，他将野心写在脸上，做梦都想当营运总监。他在团队里是出了名的阴险狡诈，为了抢业绩，把他手下的人一个一个逼走。别看他表面和我笑嘻嘻，实际上我被他暗算过好多次。记得有一次，我和他与Factory同事吃饭，中途聊到对Field不利的事，我在桌子底下用脚踢了，暗示他不要多说，没想到他逮住机会向Hayden献媚，大叫了一声："Tong，你干吗踢我啊？！"能够想到我当时有多尴尬吗？真想在地上挖个洞把自己埋了。不过，如果我打算把自己埋了，一定会让算计我的人在底下垫背。当时幸亏我脑袋转得快，顺手把在桌下双腿上的丝巾往地上一拨，直接呛回去："大哥！我的丝巾差点被你踩到啦！"我不管他信没信，在座的人信没信，都不重要，世上并不是时时需要真相。

我一定不能让Bob感觉出有什么异样以免陷Fred于麻烦，也不能让多疑的Bob误以为我避开他是因为要说他的是非以免陷自己于麻烦。终于等他们谈完，Bob一出门，我就迫不及待汇报："Fred，……"Fred听罢顿时失色，显出罕有的紧张。由于他刚来，还不习惯公司的邮箱设置，问我有什么办法可以撤回。我按事先想好的方案一一尝试，甚至杀到IT那里终于将邮件彻底删除，以新邮件代替。尽管有些收件人已经显示"已读"，但好在他们并没有留意到最底下的内容。经过这件事，在行业内叱咤风云二十多年没有收过一名徒弟的Fred，对我已然决定倾囊相授了。

陆家嘴办公室已经装不下日益蓬勃的DSA Field团队，我们决定另觅办公室。最终方案是在徐家汇，办公室前半部分作为产品展示厅，后半部分作为办公区（包括总监办公室、员工区、大小会议室、茶水间……）。相信吗？从一个毛坯大厅到洋溢着简约时尚的DS风格办公室，从后期装修到办公家具到办公电器到样品展示设备再到绿化，从规划到"监工"……由我全权负责，协助的只有一名新招的Marketing Assistant（市场助理）——Crystal。

装修和布置真的是件考验细节的活儿，丝毫不能马虎。尤其所提交的方案要通过严谨的Fred审批，我更加兢兢业业，尽管这些确切地说不是我的分内事儿。

付出并没有为我带来额外的收入或者表彰，我也没有那么计较，觉得任何事情多做一些就多做一些，总是一种锻炼。可是，这次付出除了带来功劳和苦劳，却也意外带来了麻烦。

在我们搬进新办公室后的两个星期，Hayden让我将办公家具选供货商的过程依据交给采购部。说明一下，不是我做着市场部的工作太闲还把采购的事情也揽来做，而是当初因为是为Field办公室采购，Hayden扬言公司采购部是不会管的，应该由Field的人自己搞定。于是我才得了这个累死不偿命的"兼差"。他们的要求也合理，公司采购了那么大笔办公家具，是得将依据交采购部备档。我料想Hayden也不会让我太好过，几轮价格和质量的筛选表格都由始至终完整地保存着。但想不到在一切依据面前他居然还是一口咬定有猫腻。Hayden一意孤行写了邮件给Antony并抄送Fred说我没有选择他推荐给我的那家价格最低的供货商，不符合采购规矩，需要严查。

Fred把邮件内容告诉我，让我重复当初为什么没有选择价格最低的那家。我一听，最受不得冤枉，眼泪夺眶而出，说："装修的事，忙得昏天黑地，成果如何您都看到了。选供货商的每一轮比较也都交于您最终过目。我为什么一定要选用Hayden推荐的供货商？Factory用的那些家具什么质量您也亲眼见过，柜子有些坏得打不开，椅子转两下会摔倒……我们既然选址在高档办公区，结合展厅，每天迎接四方来客，难道要用烂东西？猫腻？从最初挑选的那些供货商的联系方式不都已经写在表格里了吗？Hayden在怀疑什么就直接开始调查，用不着隐晦喷人！若是在一切证据面前他还是非要觉得应该用他推荐的那家，那是不是说明他才有猫腻。"

公司调查以后，清楚证明我确实受了委屈。Antony回邮件给Hayden说这次采购是他和Fred双重Approved（批准）的。沉冤得雪，教人好不舒坦。别说在合规严厉的DS集团，在任何一家公司，贪污受贿的罪名都足够一个人在行业内沾上污点。想想也真够丢脸的——毕竟在公司流眼泪可不是Professional（职场专业）的行为。

后来一个很偶然的情况我才知道为什么Hayden那么恨我——因为上次我把他和合同经理一起去海南出差的事情告诉了Viola。我很庆幸他讨厌我不是因为我的工作表现不好，而是因为这个理由。

实话说吧，最后选择的这家供货商老板在"中标"后确实有意让我把价格提高一些，事后返好处给我。可是，很不幸我辜负了Hayden的"期待"，或者说我与那些为了贪点小便宜什么底线都愿意触碰的人不一样，由于这方面我胆儿小，加上预料到这次办公室装修Hayden一定会来找茬，没有接受，而是老老实实地严格按照质量和价格选择了供货商。所以，对付小人最好的手段就是自己做事坦荡荡。

尽量"断舍离"那些无法回头的路。

在职场我遇到过形形色色的人，也遇到过或明或暗的陷害，也在很多人面前丢过脸。但那些都是经历，也都是收获。

DSA营运团队终于有中国区首个展厅及自己独立的办公室真是公司的一个里程碑。我们决定办一个隆重的揭幕仪式，邀请DSA亚太区所有成员、DSA的大客户和经销商及DSE的各大分公司总经理。当然，还是我组织。我的效率被磨得越来越高，助理Crystal的效率也被我磨得越来越高。活动当天，宾客们走红毯、签到、留影、揭幕、香槟、展厅参观、下午茶派对……一直到晚宴，我醉得开心。

新办公室，新展厅，新气象！对我来说一切更是意义非凡，成就感已经融在点点滴滴中，不仔细体会甚至都感觉不出来了。到访的客户越来越多，业绩就像展厅玻璃茶几上的节节高绿植一样屡创佳绩。整个Field团队意气风发，对Factory的质量要求也不再诺诺吱声，而是强势推进。最开心的是，新财年发布的第一个任命通知即是我被提拔为市场部门的主管。

我一直说，这个行业里，零售这块最看得出Marketing的功力。2008年的时候知道有这类型产品的人简直寥寥可数，可如今，公司零售的业务量竟然已达到总量的三成。为了增强Awareness（品牌及产品认知度），我动足了脑筋，不断爆发新的想法、新的创意与Fred讨论。Fred则以他的智慧和经验悉心引导，让我的idea（想法）不断成熟。英国喜剧大师John Cleese说过：创造力的本质并非什么特殊的天赋，只是愿意冒着说错话或做错事的风险，不断地想参与游戏。

Fred对我讲过两个观点让我受益匪浅，辞职后的一次见面我向他提起但他好像忘记有跟我说过，可能是说者无意听者有心吧。所以说，跟智者讲话，耳朵得时刻竖着。两个观点我归纳成两句话，一句是：最深刻的品牌建设就是说好故事。另一句是：最好的市场营销不在于突出产品的优势，而是要清楚传递出这样的优势到底能够给客户带去什么益处。

大项目虽然数量多，但是执行周期长，资金回笼并没有像零售那么快速。为了发展零售业务，除了最常见的与行业内经销商合作，我们更尝试从别墅配套设施类高端品牌产品的既有经销商和别墅设计师入手寻找合作商。

通过对销售渠道的不断细化和补充，对我来说又是个掌握新经验的契机，学会如何招募、发展和支持经销商。每每经销商的深化培训，我都是培训师之一，负责市场现状和前景分析、公司品牌和架构介绍、产品说明和优势解析。DS培训学校的其中一课是了解DS的产品线，当需要给新招的MT（管理培训生）进行DSA的产品培训时，他们竟找到了我。而且在培训结束后的几天里,我居然被史无前例地写了封"感谢信"。这对于我在演讲和培训方面也是个不小的肯定和鼓励。

收集竞争对手情报和市场数据成了我不定时关注的工作。我认为,Marketing的基础就得知己、知彼、知市场。针对我们产品相较于竞争产品的优势制定有效的市场活动。

2011年,我在业内喊出了一个崭新的Slogan(广告标语),配合海报打响新一轮广告。乍一听有点反常规,会引人侧目,但多看一眼画面,基本明白大意。围绕新的广告主题,除了在各大媒体、网络上宣传报道之外,我们还拍摄了全新、精致、唯美的产品宣传片,这在DS集团中国区是一次全新的尝试。在Fred的指导下,没有任何技术背景的我甚至写文章从6个方面剖析产品优势,对广告的意义做了更全面的辅助说明。这篇文章被刊登在业内最权威的一本杂志上,我也成为圈内Marketing人员写技术分析型文章第一人。

在PR(公关)方面,无论是行业内、关联行业、媒体还是政府机关等,我们都保持了良好的关系和沟通。几次"危机处理"及时且得当。最紧急的一次情况是,当客户已经将投诉文章让他在新民晚报的学生拟好待发时，报社致电Fred求证情况，由于该项目执行和问题发生是在Fred到任之前，尽管Fred尽力处理，但还是难以压制客户被拖了2年多迟迟未完善解决问题的怒火。

Fred在周末打电话告诉我情况，看我是否有办法。一时间其实我也不知道该怎么做，当时只回答他给我一些时间想想。事情很紧急，客户的突然发飙一旦新闻上了版面，那不就又是铺天盖地的负面……我立刻联系了三个可能有途径的朋友：一个是政界，一个是广告界，另一个是媒体界。算是我平时做人比较厚道，朋友们都乐于帮忙，也算是幸运吧，广告界的朋友正好认识新民晚报的主编。

于是，我立刻由公司层面邀请报社相关人士吃饭，将事由阐述清楚并且告知他们我们会尽力将客户的问题处理好。事情摆平了，稿件被撤，我也随同Fred和安装经理一同拜访了客户，赔了礼、道了歉也提供了问题解决方案。这件事惊动了亚太区，知道最终解决后，Antony特意发邮件给我表达了赞赏和祝贺。

在集团内部Communication（传播）方面，我们市场部虽然人少，加上实习生好不容易凑成三个，但任何能够提高集团范围内DSA在华影响力的工作，我们丝毫不马虎。每每一中标大项目，我们会在适当的时间及时而迅速地发布双语Newsflash（新闻）让各国同事分享喜悦，让老大们对我们这块工作不容小觑。择优一部分新闻发布到官方网站，加之"博客营销"的尝试，对内对外宣传都火火的。

在Sales Support（销售支持）方面，除了传统的销售资料支持，我们寻找更易于销售经理或者经销商业务拓展的销售工具，让产品在客户面前的呈现更直观易懂。

把Marketing做得有声有色还只是其一，另外身为营运总监助理，为老板分忧亦是义不容辞的责任。我就像古代皇帝边上的总管太监，与Fred共事的默契让我已能基本揣摩其思路，他对人对事的想法和态度我也能心领神会。和智者一起工作，一起碰撞思想，时间长了，自己也能获得智慧。拥有良师益友一直是我的福气。

Hayden在Fred来后变得越发"歇斯底里"，从管理学的角度来说，这叫作"领导的领地性"，就像是狮子无法接受有任何侵犯到其权威的对手出现。公司的一些福利发放，

Hayden会默默地把Field"遗忘",并且让Factory的同事"低调"。我曾经有技巧地得到短信证据证明两边遭受不公平待遇,但后来Fred问我愿不愿意将短信公开时,我放弃了——Unfair(不公平)已经是事实,如果有其他办法能够避免今后再发生,那没有必要出卖那位给我短信的同事。

还记得那一年,Factory的所有员工在Hayden的允许之下背着Field团队悄悄去了香港旅游。这违背了员工手册的福利原则,没有理由大家都是同公司员工所受福利却屡屡偏薄。任何事情都是纸包不住火的,没多久传到了我们耳朵里。同事们皆有微词。经过调查得知确有其事后,Fred实在是哭笑不得,他无比深刻地理解这家公司存在的根本性问题在哪里。

那一年年底,Fred在Hayden的强烈反对下为Field团队第一次争取到优秀员工名额。Field采取了投票形式,真真实实的投票,除了写投给谁,还要写出实实在在的理由。我,很荣幸当选为2011年度的Excellent Employee(优秀员工)。公司将好几年好些人需要做或者才能做的事情压缩在短短的三年里让我去实现。高压之下也很难不成才。

过了一阵子,传来消息,集团CEO好像因为职场政治最终离开了大DS集团。而亚太区总监Antony被升职调到美国，接他位置的是一个德国人：Darnell。这位年轻的先生完全是个新手，没有过管理经验，不了解中国市场，不了解产品……Fred觉得如果不能将一个企业做大做强再待下去的意义不大，接了一个更好的offer跳槽了。

我也真够沉得住气的，Fred走后，Field群龙无首，我继续在DSA待了将近半年。抵御Factory的不断挑衅、反击叛徒Bob勾结Hayden的阳奉阴违、捍卫Field团队"软弱"的利益……并不是我有多厉害，要不是有Darnell的"撑腰"，我这个主管早被挤走了。

Darnell努力稳住我不让我离开的原因大概是因为我是营运总监助理和市场部门的主管。如今营运总监空缺，若是我也走了，很多业务、方针、思路都会衔接不上，加上市场部是我一手建立，这块业务领域在行业内也算是新的，相信没人比我更了解Market和Marketing了。但还有一个层面他没有想到，那就是"平衡"。原先是Factory和Field互相牵制，如今Fred走了，若是勉强算是Field"主心骨"之一的我也走了，那不就失去平衡，变一边倒了吗。古代的皇帝为什么不轻易动朝上两派势力，不就希望左右制衡？如果只有一方独大，那皇帝就要担心自己的位置了。道理是一样的。不过Hayden倚老卖老，Fred来之前把Antony都没有放在眼里，更别说这嫩嫩的小老外了。

说几件我和这位亚太区新Boss"相处"的事情。

有一天，Darnell到办公室，一脸兴奋地跟我说："Hi，Tong，我觉得我们可以做出租车后座的视频广告……"

我无心"应酬"他，边搜索网络，边淡淡地回答扫了他的热情："谢谢老板一直在想营销点子，出租车后座的视频广告也许是个好的营销手段，但是不适合我们的产品。"

"为什么？我今天坐出租车就看到BVLGARI、Estée Lauder这些很好的牌子在做广告。"

"您知道，月薪一万的人就可以买得起BVLGARI、Estée Lauder的化妆品，但是月薪一万的人未必买得起我们的产品，这是第一。第二，我们的客户很少坐出租车，几乎都有车或者有司机。"

"我就会坐出租车啊。"他还不停下。

我忍无可忍："但是你是Stay（短暂地住）在这里，不是Live（长期居住）在这里，我们的客户至少需要在当地有2层楼以上的房产，有房产的并且会用到我们产品的至少表明是长住的，那很大概率就是有车。很偶然的情况下当然也会去坐出租车，但是你要为了那样的收看率去花费那么大笔广告费吗？"我一边说着，一边计算机屏幕上搜到的信息展示给他看："您看，如今乘客对于此类广告的态度是这样的，政府出来的提案是这样的。而一个月的广告费是这样的。就算去谈，打了折扣，广告费最起码也有这个数。"

他愣了一下，回了句"forget about it.（请忘记我刚才的话）"便屁颠屁颠进了会议室。

还有一次，新一批全球大老板们来开会，第一次中国区考察。Darnell先陪同他们去走访项目，说是下午才会进办公室。突然，我接到电话："Tong，我们还有20分钟就到，你第一个做Presentation。""可是，在agenda（会议日程）上面根本就没有写要我讲啊，而且都没有人跟我说过要参加会议。""没关系，你就讲我们Marketing做了哪些工作。"我差点心里翻白眼把他白死……花了20分钟，找到最近做过的Marketing PPT，马上修改到最新版本。大部队来了，我第一个分享，面对大老板们一个接一个的提问，见招拆招，中途还不忘给Darnell做面子。到最后，新全球CEO说了句："Bravo!

Very Impressive！（很好！印象很深！）"Darnell才放开了紧绷的双颊，欢乐地笑着，俨然就是个大男孩儿……

一切都已不同。原本对DSA信心满满的愿景也仿佛再无实现的可能。每天应对的不是振奋人心的挑战，而是狗血低级的挑衅：在Hayden的纵容下，Base在工厂的共享部门不仅处处不配合，还设置诸多障碍。比如，他竟然让一个刚毕业没经验的小财务应对Filed——连待摊费用、预提费用都搞不清楚的她，你说的什么她都不懂，也不想懂；你要的什么她都不给，也给不出。最大的本事就是像小孩子过家家般耍赖——一笔"糊涂账"……工作中不得不花越来越多时间在这种stupid（愚蠢的）纠缠上，简直每天在冲刺新的忍耐底线，不禁想问——有意义吗？

我们始终在找寻生活的意义，事业是组成生活的一部分。这个时候，我想说：生活需要断舍离。而选择过后，至今，我都肯定自己当时的选择，是对的。

其实Factory也不乏一个、两个曾经对事业梦想还有所追求的男性，在一个偶然的机会下，他向我吐露："唉……我知道在不知不觉中，我已经被Factory的"文化"和Hayden的理念耽误了大好年华。我和很多大学同学聚会交流，发现如今和他们无论在见识、观念还是能力上已经有了差距，就连和你在同一公司，也远不及在Field的你。大学毕业那会儿我也有梦想，发觉自己落后我也有懊恼，我也曾悄悄出去找过别的机会……可是，我是男人，会交女朋友，会结婚，会有买房养家的压力，而Hayden为了向德国展示Factory人员稳定以便他能熬到安稳退休也确实能给我们许多诱人的好处，下不了决心走……"我虽然能理解他，但更多的是无奈。

有时候教人不敢前行的不是前方未知的恐惧，而是无法割舍掉那牵绊住的蜜一般的眼前的利益。谁没有来自生活的压力，可未来恰恰源自于断舍离以及改变当下的勇气。

其实，人要始终保持竞争力，才能在任何时候面对任何人，都具备谈判力。

我决定离开——我的第一份工作。Darnell几乎在同一天收到我和Crystal的辞职信，他先是找我谈了3个多小时，隔天又找Crystal谈了1个多小时，还是没能把我们留住。看着办公室亲手打造的角角落落，已不再令人心动，不再属于我。很多人不解地问我："你干吗走？老板又不会让你走的，为什么不留在这里每个月拿那么些工资混混日子也好？"我只想说：我还有追求，我需要的是成长、是进步，无论是企业还是自己。

"断舍离"的根源是：和让自己舒服自在的一切在一起，也要让自己有能力可以做这样的选择。

离开DSA，我去度假。几个月后被召回到DSE任职，汇报给Fred，没错，就是我的第二任老板，他正担任DSE集团中国区的战略发展总经理。战略发展部，有点像幕僚部门，制定几乎所有销售相关政策，下达业务指标，参与集团战略发展项目的分析和规划，另外负责企业旗下一个新品牌的品牌建设……集团在中国区有一万名员工，我属于管理层，平时打交道最多的是企业的高阶管理层，就相当于把我安排进了一个精英营受着默化熏陶和密集训练一样，从事的亦是最能够对企业运作深入了解的事情……也是很不错的机会：和最棒的团队一起，向最好的领导学习，与优秀的同僚共事。接受企业最好的培训，漂亮地完成一个个项目及任务。

直到两年后，我决定进修。在DSE对我而言太安逸，大企业福利各方面都很好，照顾得太周到，我不需要像创业那样去烦恼：客户在哪里？盈利模式是怎样的？要是失败我还能扭转乾坤抑或重新再来过吗？在企业，就像是不断给我喂甜甜的蛋糕，吃着吃着，就习惯了那个甜度，再配杯顶级的红茶，悠闲地忘记奋斗。有一天，猛一转身，看到镜中的自己：哇，哪来的胖子……当然，我在DSE肯定是有学到很多东西的，皆为宝贵的实战经历与经验。

有句话我挺喜欢：If you don't build your dream, someone else will hire you to build theirs.（你若不建设自己的梦想，那么其他人会雇你去建设他们的。）

是时候该突破自己了。

那时我大约26岁，我希望在30岁到来之前将自己的方方面面修炼得更好。也想趁这几年的时间去自己想去的地方，做自己想做的事。早点尝试突破，哪怕跌倒还有很多时间和机会一次又一次地再爬起来。

现在早就没有龟兔赛跑这件事了——兔子都是和兔子跑的。如果每只兔子都拼命跑，那本来就没乌龟什么事。如今这个时代，各方面都得出色，外貌、气质、修养、学识、能力、事业……哪样都不能落下。

为了心中还有追求，我决定离开DSE，去读MBA深造，做这个决定是不容易的，因为对于在企业上班来说，我当时的状态和下一步的发展应该已经是很多同龄人的梦想了。加上Fred的器重，都让我有些开不了口。所以，我提前三个月告诉Fred我的打算，并且竭力帮他物色接替人选，像一个要出远门的管家，临行前打点好家里的一切。在告别宴上，所有人还是哭成了泪人。

"断舍离"的底层逻辑实际上是：懂得选择，以及是否拥有"选择权"。

太早躺在舒适圈里过日子，不是我对人生的设想。趁还年轻，想勇敢去闯。人生嘛，不是得到，就是学到，都是财富。

管理好时间,就管理好了人生

现在流行说Slasher(斜杠青年),这其实是社会包容的一个体现,也是现在年轻人新风貌的展现,他们不再局限于传统思想中强调的稳定,而是怀抱更开放的思想,渴望创新、渴望自由,自主、多元,更加追求自我价值实现。我觉得可以从更积极的视角来看待斜杠青年,挖掘斜杠青年对社会的积极意义,做好更加正确的引导。

我本人算斜杠青年吧,主业是创业,但也写书、音乐作词、去学校做演讲等。也许你要问,我哪里来那么多时间。我曾开玩笑地说:"我一直没有大家想象中那么忙,这到底是大家的问题,还是我的问题……"其实做好时间管理、精力管理,如我不打游戏、不看泡沫剧、不阅言情小说……要在打拼事业的同时游走于艺术人生还是有余量的,甚至在业余时间我还能尽情休闲当个不动脑筋的傻瓜。"Play Hard,

Work Hard（努力玩，也努力工作）"其实也是时间管理的本事。若玩的时候想着工作，玩不尽兴；若工作的时候想着玩，心不在焉。

在知识汲取这件事上，李嘉诚说，他自年轻时开始，晚上睡觉前一定要看半小时的新书，文史哲科技经济的书他都读，但不包括小说。他很满足读书带来的收获："年轻时我表面谦虚，其实内心很骄傲。为什么骄傲？因为当同事们去玩的时候，我在求学问，他们每天保持原状，而我自己的学问在日渐增长。

初中是我看课外书的顶峰时期。几乎将所有零花钱用在买书、借书上，那时候的《读者》《微型小说选刊》《北方作家》《萌芽》差不多每一期都读；还有《红楼梦》《钢铁是怎样炼成的》等名著；还有莫泊桑、鲁迅等文豪的小说；还有中国台湾作家刘墉的书也几乎每本都借来看……很多书……噢，还有看完了学校对面迷你借书店里全部的《名侦探柯南》。其实，我认为，不知道怎么选择书籍是另一个话题，但看书肯定比不看好。至少没有逻辑和立意的书籍在我们国家是很难正规出版的，所以好歹你练习了阅读陌生人的表达、逻辑和立意。不管什么类型的书，读上几本，毕竟腹有诗书气自华嘛。

其实我是想拿"阅读一本书"来类比"整个修炼"。就像"阅读一本书"的过程，我们常说：书要先越读越厚，再越读越薄。这是指刚开始阅读时，要勤于查疑解惑、标注笔记。经常翻阅，不求甚解，一本薄薄的书变得松厚，这叫越读越厚。而随着书里的知识内化，心领神会，你可以精练出其要义，那就是越读越薄了。整个修炼也是如此，你精通了武功招数，在实战时，必定不会所有动作都做完一遍，而是会用最有力且有效率的打法精准搞定。这叫作深入浅出。

而时间管理、精力管理，内涵也是如此：随着你对自身越来越了解，你不会像修炼期什么都学，而是在使"短板"不短的基础上让"长板"更长。正如有些企业在招聘人才，如管理培训生，到正式岗位前，会先让其轮岗：各部门待一段时间后，再根据其特长和兴趣，安排到合适的部门和职位，正式上岗，开始有方向的长期培养。

修炼或是轮岗的过程，是做加法。确定方向，舍弃不适合自己的工作，是做减法。再在"专"的基础上"精修"。

时间管理其中一个门道，就是"断舍离"。生活需要断舍离，你得学会做减法。做减法，让生命发光发热。

不仅是人，企业也是如此。企业发展到一定程度，资源、人手和钱，是有限的。很多企业发展的瓶颈，不是在于不知道要选择做什么，而是在于不知道要选择"不做什么"。这是一种选择的决策能力，也是资源的有效配置。

你说"都做不是更好吗？鸡蛋不放在一个篮子里，都沾一点增加胜算。"很遗憾，不是的，因为时间是有成本的。当完成A需要一个小时，完成B需要一个小时，而你只有一个小时的时候，你只能选择做A或者做B。当A更符合你的兴趣或者能够带给你更多价值抑或愉悦程度时，你选择A，放弃B，这叫作"机会成本"：你因为选择了做A的机会，就失去了做B的机会。现实表明，要成功，处处都有断舍离的学问。"鸡蛋不放在同一个篮子里"的前提是你有不止一颗鸡蛋，也就是你有充足的时间、精力、能力、资源和钱。否则就好好地思考选择把唯一那颗鸡蛋放到哪个篮子里。而让自己拥有更多鸡蛋可以用来分配，就是呼应前文的建立自身竞争力，让自己不断拥有"选择权"。

舍弃无用思考,减少9成工作量。

把思考力放在更多有意义的人和事上,舍弃那些无用思考。这里我分享两个层面:对事和对人。

对事,我建议:放弃"一定要万无一失"的想法。

"Don't be excellent."不是让大家"不要优秀"。什么意思呢?就是说,在工作中,不要花双倍或者三倍的时间去追求A+,因为你追求A+的时间,已经够你将三件事情完成到A了,这里讲的是一个时间成本的问题。

还有一个理由是,要知道,老板的要求往往是"没有底线"的,如今天他让你在1天时间里完成一件你需要2天完成的任务,如果你想表现一下,连喝口水的时间都没有,争取在半天内达成,那么明天他很有可能把时间缩短到半天,最后把你逼死的不是老板而是你自己。

相反地,如果你按照他的要求在恰巧1天时间内完成,那么一方面你达到了老板的要求,另一方面下次你在7小时内完成了类似的任务后反而能得到老板觉得你提高了效率的夸赞。

对人,我建议:不要在那些显然无法契合的人身上浪费时间,不要和消耗你的人在一起,舍掉所谓的"人脉"。

我曾经在给了三次机会后,果断"割舍"掉了不合格的合伙人。创业者们,如果有人答应你的事没有如期履行并且没有任何回应。不要再相信他,不要再给他机会,不要认为那只是一次特例。不,那就是这类人的习惯,习惯性不尊重承诺。因为尊重承诺的人,在哪怕不履行之前会先跟你说一声。听我一句劝,把给他们机会的时间省下来,花在守信的人身上。让"不靠谱"的人自己去生、去死、去消耗。

这已经是老生常谈的话题。在企业发展过程中,那些不合适的人,不仅是合伙人,还有员工。开除要及时。其实任何有利害关系的"合作"都万变不离其宗。婚姻、合伙、雇佣……选择"合作"前,要谨慎,"断舍离"的时候,要果断。断尾求生,再疼也要。

另一种成熟在于,我不强求别人都要懂我。就像我也无须懂每一个人,连求同存异都犯不上。时间和精力真的有限,我们只能把关注点放在真正值得关心的事情上。哪些是真正值得关心的事情?就是那些在你追求心中理想的路途中带给你影响的事,哪怕是感受层面的影响。注意,是在你追求心中理想的路途中。

可能因为我本身就是这样的个性:纵使置于热闹之中,我也多半处在自己的世界里面,外界仿佛和我很近,又仿佛很远。无所谓寂寞还是繁华,反正就一直一个人静静地。

抛开"希望对方懂你"的一厢情愿。像我就接受这世界上大部分人无法与我思维同频的现实,然后依旧过好自己的一生。

所以,当我想通这一点的时候,记得那是个漫步的夜晚。走回家的一路,树叶隐在夜幕中,轻风吹来的时候,它们对我点点头,心情瞬间好了大半,不纠结,听着歌,觉得一切也都挺好的。然后我走进了一家喧嚣的小酒馆,点了杯红酒,一个人塞着耳塞听着歌。

这世界,本来就是自己和自己的一场游戏啊。

情绪断舍离
——不纠结,不抱怨

别让坏情绪,赶走好运气

管住你的"真性情",脾气不要大于本事

淡定,就是有的时候你得把一切当作风景看。

每个人看过去的自己都有种想戴上遮羞布的感觉吧?我看几年前的自己,真有股想穿越回去把自己裹起来丢到窗外的冲动——这点破事,你怒什么怒?这么小的事,也能气嘟嘟半天?就这事儿,不那么直白说出来会憋出病啊?——写到这段的时候正好看到微博有个帖子:"每个女神都是踩踏在自己过去怨妇的尸骸上站立起来的呀!"所以,回头来看,我倒是也感谢曾经的自己,感谢她没心眼过,感谢她因没心眼吃亏过,才能慢慢练就如今更加强大的自己,让自己学会情绪管理,塑造更高EQ(情商)。

我没打算在各位读者面前伪装成"生来就是女神"的形象,说说自己从前的蠢样子让大家乐一乐。

管住你的"真性情",脾气不要大于本事。

毕业刚进入企业那会儿,身为职场菜鸟,什么事对我来说都是新鲜的,接触到好多之前没有接触过的事,边学边积累经验,年轻气盛、意气风发。因为是崭新的领域,也是开启事业的基础钥匙,尤其重视。尽管"能者多劳",但担负得越多,压力也相应越大,焦急都压抑在心里,肝火旺。还没做"压力管理"前,过分的care(在意)让自己相当情绪化,哭和笑,沮丧和愤怒都不由自主,溢于言表。自己也知道这是职场大忌,毕竟同事和朋友是不一样的——他们并不一定要包容你,场面上的鼓励听听就好,谁能保证你无心的一个臭脸,会不会让笑容背后的他们记一个"别扭"。

我庆幸当初自己的老板是个惜才的人,只要桩桩任务完成得漂亮,能力让他肯定和赏识,对于我的"急"脾气,他也愿意"睁一只眼闭一只眼"地包容。

可越是这样,习惯自省的我越是觉得这样不好——我不能辜负信任我的人,我需要不断改进自己。现在大家不介意是因为念在我的年纪小,谁会对一个比自己小5~30岁的女孩儿计较呢。可是每个人的成长期都会过去,特殊对待也有期限,随着越来越资深,那些优待也都会散去,可以被原谅的时光越来越短。

所以，为了替那天的到来提前做好准备，我必须从现在开始学习"情绪管理"。

但怎么做呢？范仲淹写下"不以物喜不以己悲"，不也还是忧民忧天下吗？淡然是一种怎样的境界，又该怎么去达到，我陷入思考之中。我分析自己在生气的时候所发出的火，到底是让自己舒服还是懊恼？

答案是既舒服又懊恼。但是，舒服只是一时，懊恼却不一定了。遇到豁达的人，尽管对方不介怀，但我也忍不住反省自己的毒舌是否伤害到了他。遇到狭隘的人，那就是埋下了"介意"的种子，不得不面对可能已经竖立了一个敌人的现实。于是，我继续剖析：

我为什么会易怒？——因为对事情太过重视，有压力想把它们做好。

那么，我为什么会重视这些？——因为我觉得这些事很重要。

然而，这些事真的重要吗？——很多恰恰并不是。当下觉得很重要，如果不做好，有种天快塌下来的感觉，想顾及方方面面、尽善尽美，不愿让任何一方失望。可每次事情过后，回顾检视，却发现可能只有自己看太重了。

问题带来情绪，可情绪解决不了问题。

该怎样控制自己的情绪呢？——我先试了一些方法，但效果并不持久，最终以失败告终。比如在电脑桌面上标一个"CALM（平静）"，比如说让同事在我即将发作的时候暗示我……可火气真的上来，并不那么容易便压下去。后来想了想，还是因为自己过度在乎了。所以，我需要的不是治标，而是治本，需要从内心看开，而不是借由外力压制。

为什么很多上了年纪的人对许多事都能看开，还不是因为吃了太多"盐"，对咸味的适应力强了。

所以，对事"太较真"的其中一个原因是：见识太少。

于是，我给自己放了两个星期的假，去旅行。回来以后，旅行中的所见所闻让我发现天高海阔，世界不只是眼前的那么一小点。生活的节奏也不都像在上海那么快，也并非每个人都在忙碌中醉成行尸走肉。就像一直汲汲营营惯了，都忘记生活的真正快乐是什么。比如在澳大利亚，有些渔民可能一辈子的梦想就是拥有一艘属于自己的船，能出海，捕完鱼，静看夕阳西下。我们拼搏，在意，跳不出，逃不开，容易陷入情绪的牛角尖，是因为自己不够开阔。如果了解到还有不同的快乐人生存在于这个世上，就不会那么圈地自封，狭隘短视。

还有一个心得，来自于我无意间看到的一期《Discovery》

（探索频道），讲述的是星球、星际方面的内容。当我看到太阳系相较于整个银河系那么小，地球相较于整个太阳系那么小，亚洲相较于整个地球那么小，而人放置于整个宇宙中根本就小到看不到，那么，人的烦恼还算什么呢？当视野足够大，情绪就微不足道。

回到企业后，我发现自己竟然如此畅怀，心态亦如此豁达。不那么计较得失，对于大部分的事，也不觉得有什么值得生气的了。越是重视，越要用看风景的心态做事，人才会客观和理智。可以在乎，但别太在意。用出世的心态做入世的事。

我们常说一个人脾气好或者脾气不好。脾气不好，我想主要有两种情况，一是如上说的太在意，静不下心。另一种，可能就是太不在意，没耐心。

不难理解，有时候忙得、累得、无奈得连话都懒得说，疲于笑一下，对人对事都耐不下心……

可是，你的情绪不仅影响别人对你的感觉，自己也是不开心的。这个时候，你就得找适合自己的方式排解压力，可以看看综艺节目，可以养个小宠物，可以运动流汗，可以约朋友喝酒，可以登山顶大喊，也可以像我一样去旅行去读书。负面情绪有毒，会蔓延全身，也会波及周遭。绷紧的弦射不出有力的箭，你得学会压力管理。

比如深呼吸、陪陪你爱的人、和小动物/小孩子玩游戏、试试看清晨起来去公园静坐、去小地方/小城镇转转看看，短暂地离开大城市打拼的节奏，去体味慢节奏的生活……都可以帮助你缓解压力。

零抱怨，别再玻璃心

我在世界五百强顶尖德企DS集团接受过许多专业培训，DS集团有自己的种子精英培育学校，给员工提供正规课程培训的机会。而我进入职场接受的第一个培训，却是非正式的，来自于我的上司Fred，中国区销售总监，告诉我的一个关键词——No Complain（零抱怨）。

试想一下，一个人天天在你边上唉声叹气"唉，真是的，我老板怎么老是自己事情不交代清楚就差遣我去做，尽让我重复劳动！""这个客户真是难缠，方案来来回回改了不知道多少次了，到底什么时候是个尽头！""为什么事情那么多工资却那么少，只让马儿跑不给马儿吃草！"……听一次两次，你是不是同情她的遭遇？听上一百次，你是不是就想把她的嘴缝上了？

再试想一下，A讨厌你，惹了你，你心情不好，但A不好回敬，于是你憋着火气无处发作，遇到B，柿子挑软的捏，全倒在他身上，B想："你心情不好关我什么事，凭什么火气撒在我身上！"再然后，B也讨厌你了。

上面这个模式，其实最适用于你和家人之间的关系——你在外受了委屈，心情不好，回家对父母没好气，向最不该倾倒抱怨的人倾倒了抱怨。虽然他们不会讨厌你，而是选择原谅，可你的无来由抱怨一次次在寒他们的心……

每个人都有不开心的权利，但并没有传染得周围的人都不开心的权利。

在朋友们的聊天群组里，互相倾诉很正常，但不要把坏情绪波及组里其他人。假如你遇到了恶心事，但是不能把因为恶心事而堆积的情绪用不妥的态度及言语，发泄在不相干的朋友身上。群是分享的，不是情绪垃圾桶。

众所周知，打哈欠会传染，美国德雷克塞尔大学的心理学家史蒂文·普拉捷克认为，所谓的打哈欠传染更容易在移情人群，即那些喜欢将自己假想成他人的那些人中发生。我的经验是——负能量亦是如此，极易传染。

刷微博这事儿，越来越让人感到无奈。太多人充满戾气，指责、看不惯、拿尖酸刻薄当个性……大家都像玻璃脸，忘记从内心发出的笑是什么感觉，往往别人轻轻一碰，就能瞬间爆破。喜欢传播负面情绪，好像自己过得不如意，就得拉着全世界一起"陪葬"掉快乐。

有一个"垃圾人定律"，意思是世界上存在很多负面垃圾缠身的人，他们需要找个地方倾倒，有时候被人刚好碰上了，垃圾就往人身上丢。以"垃圾分类"标准看，属于"有害垃圾"。

这是很可怕的，我们谁不希望自己的孩子能生活得平安喜乐，可若是连自己都是"垃圾人"，还有谁当"心情的清道夫"，又如何帮助下一代共同建设一个更加舒适的世界？

这就像一个"苦循环"，越是底层，越感觉到无力，觉得和理想生活有距离，越是放弃、不努力，便越发不如意，而后变身成刺猬，消极地去刺痛身边的人，让人哪怕有心却也无力去靠近，就越是只能在社会大环境中被"相对流动"到底层。什么叫相对流动，就是当你止步不前的时候，别人的攀爬促成了你的落后。

易怒是迈向"垃圾人"的征兆。大家应该先提防自己成为"垃圾人"，然后再尽可能地远离垃圾人。怎么远离？我在《生活需要自律力》一书中已有提及。

你们说多奇怪，每个人都期待被世界温柔对待，自己却懒得对世界笑一下。社会对谁而言不残酷？谁没压力？谁的职场一帆风顺？当每个人都在漫无边际的沙漠中行走，口干舌燥，举步维艰，太阳再毒辣一点，人就会倒。甚至有的人已经在想："还不如放弃前行，我撑不住了。"他们等待的是水，期盼的是夜空中照亮的星，渴求的是一种坚持下去的"力量"，而不是"泄气"。

大家说我励志，说我正能量，其实哪有那么多矫情的正能量。我只是自问，自己累的时候，最想看到的是笑脸；失落的时候，最想听到的是鼓励；失意的时候，也会去瞄瞄一种快乐的生活状态。那样，再难，我也能先洗洗睡，第二天醒来又满血复活。最好的正能量，就是过好自己的生活，然后别人看到你的生活就充满动力。既然如此，我也应该成为这样的人，给关注我的人传递一种positive（积极）的"精、气、神"。

我"害怕"具备这样三大特质的人：常抱怨、包打听、废话多。

Anne在一家外企工作，五六年的职场经验，至今没被提拔过。几乎一辈子Assistant（助理）的命。她仿佛有种"无意识挑拨离间"的病，这病的俗称用上海话讲叫作"十三点"。她习惯在A同事面前讲B同事不好，在B同事面前讲A同事不好，但她本人却是无意识的，说完可能自己早忘了。她认为不能升职一定是外因，而自己是个与世无争的率真孩子。反正全世界都有问题，老板有问题，同事有问题……就她正常。

关键是，常抱怨还不是极致，常抱怨加包打听，就让人更痛苦了。那耳朵就像是天线做的，搜寻各式各样的小道消息，听个一知半解，以为自己是个百事通。那也还不是极致，最极致的是，常抱怨、包打听后，还废话多。别人的事，不管跟她是否有关，都要插上几句嘴，好像某个话题不参与几句，就不能将她的"八卦"功力淋漓展现似的。

每次遇到这样风格的人，我尽量避而远之。发现她们是真心实意地从骨子里的"没意识"，不知道自己有多让人避之不及，却还挺享受自己"二"得快乐。她们是快乐了，可别人却因她们时不时地"脱口而出"痛苦不已。试问，你是老板，你敢升她们吗？纵使她们具有极强的办事能力，但她们那管不住的快舌头几乎把你的老底都快翻个遍,再"口沫飞溅"地说给别人听,帮你处理了别人也有能力处理的事,却带给了你别人所不会带来的问题,而且后者极具杀伤力……

在企业,IQ低,影响的是升职,EQ低,影响的是生存。携带负面传播因子的人,很可能让整个团队充斥着心里不平衡与泄气,影响士气。要是你有这样的下属或同事,是不是恨不得立刻把她轰走?

我见过太多能力强,但就是因为爱抱怨而得罪人的人了,比别人多做了一倍的事情,可得不到一半的感恩。比如说,今天你们团队共同完成了一项任务,你贡献了50%,其他人贡献了剩下的50%,可明天,你越想越不甘心,为什么自己要做那么多事,也没得到比别人更多的好处,然后逢人即邀功:"都是靠我,才能那么高效率地完成这项任务。事情基本都是我做的。"你们说,团队其他人听到会做何感想?原本应该是被大家感激的事,反倒成了"吃力不讨好"。

我对自己列了个要求,有关"个人情绪"的微博或者朋友圈发文,不过夜——当下忍不住感叹的东西,最晚到第二天醒来无论如何得删掉。因为这个习惯，没过多久，我便没有欲望再在网上抒发情绪了……

若你是个喜欢抱怨的人，可以每天做这样的尝试：把当天抱怨的事情一一记下来，隔三天再翻出来看看。再看到的时候，是不是觉得那些事太鸡毛蒜皮？太不值一提？所以，你每天向别人输出这些负能量的小碎事，有多少人感激？有多少人想听？有多少人为你献策？又有多少主意能起到作用呢？大家还不只是抱着看怨妇的心态，笑笑原来你比我还惨，然后继续过自己的日子。那些鼓励你complain（抱怨）的人其实是想对你说："来，把你的悲伤说出来让爷开心一下。"

而你的抱怨，可能已经被有心人默默记下，小心哦，也许人家还悄悄按下了录音键，在你想不到的时候偷偷地播给别人听。真实社会，总有人超过你的想象，你根本无法用自己的程度去预料别人的用心。所谓"言者无意，听者有心"，到最后，伤害自己的利刃极有可能是你曾经的抱怨。

顺其自然,不为已打翻的牛奶悔恨

在网上看过这样一个故事,值得深思。

有一对夫妇,在婚后11年生了一个男孩。夫妻恩爱,男孩自然是他们的宝贝。孩子2岁的某一天早晨,丈夫出门上班之际,看到桌上有一瓶打开盖子的药水,不过因为赶时间,他只大声告诉妻子:"记得要把药瓶收好。"然后就匆匆关上门上班去了。

妻子在厨房里忙得团团转,忘了丈夫的叮嘱。男孩拿起药瓶,被药水的颜色吸引,觉得好奇,于是一口气都给喝光了!药水对人体的副作用很大,即使成人也只能服用少量;由于男孩服药过量,虽然及时送到医院,但仍旧回天乏术……

焦急的父亲赶到医院,得知噩耗,非常伤心!看着儿子的尸体,望了妻子一眼,然后在她耳边悄悄说了四个字:

"I love you, dear!（亲爱的，我爱你！）"

西方人称这种行为是："Preset behavior"，中文翻译成"前慑行为"。它的含义就是：要反过来控制局面，而不被局面牵制！这个做丈夫的，因为儿子的死亡已经成为事实，再多的责骂也不能改变现状；只会惹来妻子更多的自责与悲痛，而且不只自己失去儿子，妻子也同样失去了儿子。

接下来的这个故事，我来说一件发生在我身上的小事。

第一本书发行后，我常受邀到一些大学里去演讲，我也很重视这些和大学生们交流的机会。那次是我的一位读者联系到出版社，说希望我能够到她们学校（B校）演讲。出版社考虑到我正好在南京的另一所学校（A校）即将有场演讲，建议把两场演讲安排在集中的2天，并征求我的意见，我欣然答应。

出版社、两所学校和我，几方初次敲定的时间是A校14日、B校15日，谁知我在刚确定下schedule（行程）不久，又接到15日、16日集团公司在济南的管理会议通知，那时我正任职于世界五百强顶尖德企DS中国区总部的战略发展部。

对我而言，两件事都做肯定最完美。大学演讲，我是主角，唯一的主讲人，而管理会议，我是配角，只是参会者，但有个重要的环节是15日和来自全国汇聚到济南的集团高管团队一起晚餐交流。由于两所学校都还没有把活动策划案发给我，我就抱着试试看的心态和他们商议能不能改时间。

于是有了第二次时间的敲定，A校13日、B校14日。A、B两校是风格完全不同的院校，A校是传媒类，B校是理工类。我就分别对两所学校的演讲理了两套思路，还特别调整了内容做了两份不同的PPT。对我而言，认真地做好工作中的每个部分是一种态度，这种态度是给自己交代的，不是给别人看的。

下周二就要赴南京了，这周五晚上21点半突然收到电话，是B校的学生打来的："小言老师，不好意思……因为周三图书馆报告厅要办团委活动，我们……我们可否换个时间……换到原定的15日……"那时我正在带一个到上海出差的台湾朋友逛古镇，听他支支吾吾地在电话那头讲，我也能感觉到他的不好意思，考虑了30秒，还是决定不负同学们的期待，答应更改时间，毕竟15日是一开始就说定的，被我改过去，再改回来，也说得过去。于是，我只能取消去济南管理会议的行程。

就这样，原先紧挨的两天南京行，因为协调时间，变成中间空出一天来。

由于一开始就说好是公益演讲，不收费，我自己安排往返及住宿，另从台湾带了4箱小礼物来送给同学们作为演讲时的互动礼品，当作心意。

我是不可能放任一天"闲置"时光的，所以得加紧安排内容填充那空出来的一天，于是立刻联系了南京分公司，抵达日的下午到访了分公司。上午呢，朋友载着我到紫金山走走，中午约了一位南京电视台的主持人吃饭。这样一天也算是安排得满档。

13日晚在A校的演讲，全场爆满，原本说好晚上八点结束，被大家一个接一个的热情提问拖了时间，最后，签完书、合完影都差不多九点了。我称这场为"持续沸腾的演讲"。

15日晚在B校，我被接到休息室休息，学生团队看到我既紧张又热情，我邀请他们在我身边的沙发上坐下一起聊聊，他们也还不太好意思，觉得和我并肩坐是种荣幸。其实，我倒是觉得在演讲前和学生们聊聊，有助于我了解这个学校和学生们的特色，是有利于演讲的。

接着，学生团队成员被一个又一个叫出去，再回来看看我，笑容背后是神色凝重，然后又出去，还时不时有人回来让我再等等。眼看离演讲的时间越来越近，我好像已经预感到了什么。

已经到了约定好的18:00，我被恳求继续等等，学生团队成员低着头来告诉我，今天一天都找不到负责学校短信平台的教师，学校活动的宣传一般就是通过短信平台发到每位学生的手机上。所以，这次演讲，除了在图书馆报告厅门口放了一张我的海报外，几乎零宣传，而且那个报告厅的门还相当地难找……找不到那位教师，学生团队急疯了，尤其是那位邀请我来的小粉丝，更是满脸抱歉地连声说不好意思。

我说："没事，有同学到了吗？"

"真的很对不起，小言老师……有同学到了……"学生们支支吾吾地回答。

"好啦，既然有同学到了，那么我们就开始吧。"是呀，我能怎么样呢，在那个场合，如果出去，人少的演讲可能反而未必能起到正面宣传作用，外界可能会以为我的演讲不够吸引力，可若不出去，听众都在等了……思想斗争之后，还是决定，无论来了多少人，无论会有什么样的影响，我得对听众负责，不能让他们失望。

一出场，偌大一个图书馆报告厅，大概才到了一百个人。我一如既往地开场，谈笑风生，掩盖心里的凉意。人多人少,都得高标准地讲,不然呢?一个半小时的演讲结束,到场的同学被气氛带动,也是热情提问不断,超过了时间,在主持人的协调下,才终于结束了演讲。

学生团队满脸抱歉,我微笑:"没事啦,哈哈……"然后向他们鞠了一躬,道了声:"谢谢!真是辛苦大家了!"在一句接一句的"对不起"中被护送上了车。

在去高铁站的路上,我已经有些疲惫,坐在车里,看着窗外,陷入沉思。说实话,那么"折腾"的一次演讲,却因为这样的原因没有达到预期的场面,内心确是略感失落的。正想着,突然,手机来了一条短信,原文:小言姐,今天我们真的出了差错。很不好意思,还让您耽误了昨天一天的行程。以后我们这方面一定会注意。您一路平安,到了上海还麻烦您发一条短信给我。谢谢您。

我拨开缠绕在心头的小郁闷,回了一条短信:"你和社长都不要难过咯,谢谢你们,辛苦了!方便的时候把今天的照片发给我哦,我来选几张对外发布,Don't worry."

之所以在前文铺垫那么多再说结果,是想告诉大家,其实我当时内心的落差感是有的。可那几位主办的学生心里已经不好受了,难道我还要让他们更难受吗?就算我直抒想法"唉,怎么能在那么重要的宣传环节失误呢",又有什么用?事情已经如此,不会因为说任何话而改变。

情绪断舍离,就是顺其自然,不为已打翻的牛奶而懊恼。

为了让他们感觉我是真的不介意、很OK,我特地在高铁上自拍了一张笑开了花的照片上传到微博,以间接安慰他们。所谓贴心,就是别光顾着自己爽,得多为对方考虑一点。

对于处事,开始前,尽量计划周全做到最好,而结束后,对无法挽回的结果,最该做的,却是——闭嘴、放掉。

奋斗也是如此,尽人事,但听天命。

结果出来之后,可以听天命,但只要有能力改变结果之前,便要尽人事。

给心灵"排毒",不负重前行

这一节的核心思想就三个字——不嫉妒。

嫉妒既可以是毒药,也可以是良方,看你怎么消化它。

我踏入作家界机缘来自于两位女人,成为作家对我来说无疑是欣喜的改变。

一个是Kathy,一个从上海到台湾出差的女孩。人生很多际遇真的是特别奇妙,在我生命中像过客般走过,却给我的人生带来了新的启发。这恐怕是她、是我都无法预料的。那是一个暖洋洋的午后,我上着网,突然有人在Facebook上叫我,一个陌生的女人:"你好,看你的简介,你来自上海?"我回复:"嗯。但是我现在在台湾。"她继续:"我正好在台湾出差,周四回去。你愿不愿意出来喝杯茶?"老实说,这样的邀请乍一看很像是某种陷阱,但是我们约的地方在诚品绿园道一楼的星巴克,来来往往那么多人,去了她也不会对我怎么样吧。再看看她脸书上的页面,毕业于英国某大学,过去几年发布的照片都显示出她是个率真的女人。加上我确实需要有人能够陪我讲讲上海话了,在异地遇到一个陌生的同乡聊聊天,很值得赴约……

就这样,我们见面了。不要小看任何闯进你生活中的人,一不小心,她就可能改变了你。她不知道这次见面带给了我多么重要的改变,就是——走进台湾的书店。要不是她说:"你来台湾那么多次,那么久,居然没有去过诚品?"我不会发现书店竟然可以是这样的,也不会在大学毕业后第一次重新泡在书堆里,更加不会发现原来我也可以写书……

台湾的艺术气息十分浓厚,书店文化亦是让我印象深刻。那各式各样的书店展示的不只是书,还有当下台湾的人文品格,它们是外地旅人了解台湾文化风貌的生动橱窗。让人感叹:这真是一个鼓励看书的地方。第一次来到诚品,我就爱上了它,任谁都会感受到一种空间与服务质量的精致感,你会忍不住注意在行进时不要让脚下的地板嘎吱作响,以免破坏了恬静优雅的氛围,干扰了其他人读书。我立志在台湾每个月至少要在书店看10本书,这样做不但可以陶冶情操,还能继续充电、吸收知识。哈佛大学图书馆馆训中有这样一句：狗一样的学，绅士一样地玩。投资未来的人，是忠于现实的人。我还在诚品报了一个油画班，跟着来自美国的教师学习"快乐油画"。

另一个是一位台湾的女艺人，叫Melody，也许是因为和她的性格很像，同属"生活中的drama queen（戏剧女王）"吧，所以我挺喜欢她的。当时，她正好出了她的第一本书，虽然那书，恕我直言，没什么深刻的内容，但爱屋及乌，我还是买了30本支持。作为在美国长大的ABC，从小接触的是英文，她能写出一本全中文的书已经是种突破。

我的个性是喜欢一个人，不会只是遥遥地望着她，而是希望能够努力给自己创造一座桥通往和偶像更近一些的地方。虽然我当时没有Melody的知名度，但是凭借高考语文全校第一的"光辉过去"，我相信自己是可以写出有内容的作品的。一本好书，于人于己都是美事，不管能不能顺利出版，我都应该去试试。

我几乎不让"嫉妒"的情绪困扰自己，一旦欣赏，就去化"羡慕嫉妒没有恨"为鞭策自己的动力。坦率地说，人若是不能把嫉妒化为动力，很容易会沦为我前面说的那类"常抱怨、包打听、废话多"的讨厌鬼。

有了要出一本书的想法，我就立马着手开始写，不是犹犹豫豫只停留在幻想里。等写完，开始投稿，一些缘分，没想到真有出版社看上了我的稿子，觉得会有卖点，便签了约。可以说，后期还是比较顺利的，半年多时间的排版、设计、审稿、校稿，书终于面世。

把当初的一个大胆的念头变成自己写的一本书，真真实实地拿在手里，那感觉，是有成就感的。这成就感来自于"不等待"地去实现理想。所以，童言不能只是说，得无忌地去做。

现在很多人追星几近疯狂，尤其是一些韩剧把男主角刻画得符合女人对于完美男人的一切遐想，把女人们迷得神魂颠倒。欧巴去哪里，粉丝们也跟着去哪里。每天的生活就是吃饭、睡觉、欧巴。而且为了欧巴，甚至可以不吃饭不睡觉。

我也迷恋过那个最热的韩剧，一周两集，追得上瘾，每周两集播完，剩下的日子就是漫长等待，没有更新怎么办，我就把第一集到最新一集从头到尾再看个N多遍，因为特别痴迷都敏俊兮，在等剧的日子，还把"来自星星的男人"的其他电视剧、电影都看了一遍，和朋友们聊天的话题，总有一个会是讨论这个剧，说到这个男人，女人们都会花痴地两眼放光。总之，就是和很多人一样，迷得不轻。

我对"追星"的定义是分得很清楚的，这类型的追，追的是幻想，可望而不可即。"喜欢那个在舞台上接受着众星捧月的他，注定得承认他看不见台下万人群中的你。"所以，对于这类追星，我会适可而止，断舍离。

为了摆脱对都敏俊的迷恋，我让人推荐一些其他的剧给我，让自己能够将对他的热爱分一些给其他男主角，反正韩剧塑造的人物都必定切中女人要害，要找具备完美期待男主角的剧简直轻而易举。试了几部，终于被另一部剧的男主角成功转移情感，这男主也有超能力、也帅气、也专一……就这样，再把分散了的情感重新收回给自己，我即完美地将这位欧巴从心里移出，十天前还巴望着去参加他在台北的见面会，十天后就几乎都快想不起他来……

也许你们要问,追星不是挺好吗,心里有爱有期待。确实如此,对一个陌生人的无私爱恋确实可以让心里满满的。但我之所以想方设法摆脱,是因为对我个人而言,像这样的"星星"太耀眼也太遥远,不会带给我改变,反而会加深我对现实的认知度和接受度的偏颇,幻想太过完美,心中的期待值就会升高,再看看现实,落差感会加重,这不利于对周遭的客观认识,不切实际的要求也会加重自己对另一半的要求。

我会"追"怎样的星?——努力一下,可以达到的。或是朝着她走,能够让我有动力把自己修炼得更好的,这就不是无谓的追星。"只消费没得赚"的赔本生意我是不会做的。

现在让我欣赏的几位偶像,都是70后。就像00后、90后的女孩儿们喜欢着我一样,我会关注她们的日常、言论、处事、风格,然后想,哪些是我可以学的,哪些对我来说是不适合的,甚至哪些是我所不欣赏的。

如此,找一个偶像,争取超过她。

这对自己的修炼是良性的,哪怕超不过,努力了,也能助自己提升,当你一抬头,发现已经离她很近很近……

其实Melody出一本书,几张美丽无比的插图配上总共没有多少的文字就可以成就一本,因为她本身就是荧幕上的艺人明星。而我,写一本书,则费事很多:观点要深刻,语言要舒服。所以,人家一本本书上市,我还在慢工出细活……

可我们始终要相信自古以来世界运行的规律。比如苏轼说:"立大事者,不惟有超世之才,亦必有坚韧不拔之志。"

我常喜欢说:时间最终诉说答案,时间不会辜负。是的,我真是这么感悟的。因为当我写到这本《生活需要断舍离》的时候,我发表的作品数量已经超过Melody的了。

学会自省,时时整理净化内心

为什么很多人会"听过了许多道理,依旧过不好这一生"?
因为很多人分不清哪些是适合自己的道理;
因为很多人听过了道理、点头认同却转身就忘。

如果一个人常常"运气不好",我觉得是他自己的问题,甚至可能是能力不行。

比如,我曾有位员工,公司提供的培训机会他总是错过。原因是公司有时联络名校提供学习机会大多放在周末,而他因为工作日被正常的工作占据,就把家里诸如墙壁漏水等琐碎的事宜放在周末。你们可能会觉得:"这也没办法啊,漏水总要处理的。"可诚如我在前一本书里分享过的"重要紧急四象限"时间管理,这里漏水和学习相比较,漏水可能属于紧急不重要的,可以授权他人去做,比如他太太、他妈妈。可之所以他总是被家中琐碎事务占据心情和时间，究其原因，并非是因为家中其他人都在忙，而是因为他无法与家人达成良好的沟通，平衡不了妈妈和太太的关系，只能自己硬着头皮揽下所有事。那么，这运气不好，起源就是他的沟通协调能力不行。

在其他事上也是如此，错失许多"有价值"的体验，是因为没有能力去高效搞定那些"低价值"的事。每个人的时间都只有一份，用什么事占据它，决定了你最终身处的位置。

比如有些人常常不能及时掌握资讯，当他看到信息的时候老板已经叫别人处理了，因此他很难受到重用。原因是他花费太多时间和人打电话，而牵强的沟通能力又让电话又绕又冗长，根本没有"余光"看到讯息并且高效应对。

一些人能在10分钟内把事情三下五除二安排得妥妥当当，处理得清清爽爽。而有些人却花一两个小时，费好大力气才能把同样的事情慢吞吞地搞定。

所以，看上去好像是自己不够幸运，没什么机会。其实机会落到大家身上的概率是一样的，只是你要么没有眼光认出那是机会,要么你懒宁愿错过机会,要么就是你能力真的不行抓不住机会。机会成本也可以用来指这儿:同样的时间,你浪费在低价值的事情上,势必就在同一时间错过接触高价值的事情的机会。

该怎么做?

第一,学会自省。不好意思,你身边不可能每个人都和你一样"差劲"。若有可信赖的朋友指出你的不足,别条件反射地抵触。自省:这个"不足"对你来说,到底是改掉更好,还是不改更好。举个例子,有朋友说我"不圆滑",我评估:圆滑虽然貌似会获得更多好感,至少不容易得罪人。但耗费许多沟通成本。我不需要认识每个人,也不需要每个人都喜欢我。我想更加有效率地花费自己的时间和精力。另外,若接受"圆滑的我"而接受不了真实的我,这样的人,是不是足够智慧、大气,以及是不是我想花时间的?不是,所以我决定不去改这个"不足"。注意,这个决定是在我经过思考后的选择。

第二,三思而后行。遇到事情,先思考。我曾有个员工,别人和他沟通工作,他总是不过大脑脱口而出,让人非常崩溃。明明对于事件的信息前前后后已经有告知过他，可一到要处理事件的时刻，那些信息统统没有过脑，不被考虑、思考与整合，真让人很想把他的头埋进讯息里：这个不是已经告诉过你了吗？为什么不把这个考虑进去？别人跟你说资讯的时候，你心不在焉，眼睛看着电脑、嘴上"嗯嗯，知道了"，结果资讯记不住，思考不完整，逻辑那么多bug（漏洞），执行的时候没有分工、蛮干、做事不麻利……

三思而后行，这个"思"，就是你对于资讯、资源、自身和团队能力的全盘考虑，列出To Do List（待办清单），然后根据时间管理象限：重要且紧急、重要不紧急、紧急不重要、不紧急不重要……依据事件处理优先顺位、自己做还是授权出去，把事情漂漂亮亮地处理完。既紧急又重要的事，放在第一位，优先处理。重要但不紧急的事，早点规划起来，按照计划逐步实行。如果一直搁置，到了临近截止期限，就会成为"既紧急又重要"，拖延症或者时间管理不当的结果就是让自己非常忙碌。紧急但不重要的事，授权别人去做，不要什么事都让自己做，不要抱着"与其花时间跟别人交代不如自己完成"的心态，也许当时你的事情很多，但别人正好有时间。对你来说，此事的优先级很低，要把排在它前面的10件事办完你才会来考虑它，但对别人来说，听完你的交代，就可以立刻处理完毕。如果你没交代下去，结果是当你处理完第9件事时，突然插进来新的"重要"事项，那件"紧急但不重要"的事就又会被耽搁，而且你明明知道它是"紧急"的。最后，"不紧急不重要"的事，要学会抛弃，尽量不要浪费时间。

第三，真正训练思维、锻炼能力。拜托大家，真的去学习吧，最起码看书。记得我前一本书《生活需要自律力》发行，我们公司人手一本，发现一个现象：优秀的人真的怎样都优秀。越优秀，越希望更优秀，越有主动性，越努力。反之，就算下指令让他把书看完，也因为长期没有阅读习惯，所以两个星期才看完第一章……

能力都是可以被训练的，首先你自己要相信这一点。"相信就会看见"，而别乞求于看见了才去相信。如果你每个月看一本书，看书的速度会越来越快；如果你每天看大量资讯，资讯的吸收速度会越来越快；如果你一直训练自己在半小时内写完一篇文案，你的写作效率会越来越快；如果你对于每一个人每一件事都辩证看待，理解他们的来路与去程，习惯成自然会越来越客观……熟能生巧。

好的做事习惯也很重要，你的行为就是你的态度的反映。比如首先你是否具备未雨绸缪的想法，然后才是是否具备未雨绸缪的能力。检查一下你的电脑，有没有在闲暇时间，顺手就把电脑数据做了分类与备份？有整理过自己的相片吗？有把书籍、收据、发票、账单、档案、材料归类吗？让工作和生活更有序的方式，有落实吗？

第四，相互影响。这就是平时社交圈的重要性了。我曾目睹过这样一个场景：一次在桂林度假，在某五星级酒店，我去洗手间，在洗手台旁的垃圾桶边一张纸巾被丢弃在地上。不以为意，后来出去和朋友们喝茶聊天，一个小时再去洗手间，发现洗手台旁地上扔满了卫生纸。这就是"破窗效应"：环境中的不良现象如果被放任存在，会诱使人们效仿，甚至变本加厉。以一幢有少许破窗的建筑为例，如果那些窗不被修理好，可能将会有破坏者破坏更多的窗户。古人云：近朱者赤，近墨者黑，所以，选择与优秀的人交流与共事，要让优秀的人影响你，而不是让那些思绪混乱、古板刻薄的人影响你。

别再抱怨运气不好，你的运气不好，不是天造成的，是你自己造成的。断舍离那些阻碍自己获得更多机会的特质吧，好运靠自己吸引。

情感断舍离

——不攀附,不将就

知世故而不世故,历世事而存天真

当断则断,绝不拖延

我有一个女性朋友May,感情路可谓坎坷曲折。前后恋上3个男人,都是爱到无法自拔,可偏偏她爱的人不爱她,爱她的人她不爱。

为了第一个男人,她几乎做了所有能做的事情表白心意:在火车上站一晚上只为去看他一眼;把他发的短信一条一条全部抄下来,一字不漏,厚厚的一本,时不时拿出来翻阅;隐身在QQ上愣愣地看着他的头像从亮起到暗落;玻璃瓶里折满彩色的纸星星,每个星星里写着内心独白……可惜,告白4次都被拒绝。这个男人是真的正派,但只是把她当妹妹看,很无奈。

为了第二个男人,她傻傻地答应成为人家女朋友,实际上她知道自己只是个备胎,并且那个男人还特别坦诚地告诉她:"我不爱你,我们也不可能有结果,但是我可以和你谈。"这种看似坦率的男人实际上真是把"渣"发挥到了极致。想牵手、想亲吻，但就是不想好好爱她。约个会吧，连吃顿麦当劳都扭扭捏捏地想AA制……

第三个男人，是她正式的首任男友，在异地工作中认识。女孩子一个人被派到外地工作，人生地不熟，最容易受寂寞驱使对周遭的一些"小恩小惠"泛起心中涟漪。这个男人就是这样，甜言蜜语对在外地的May简直就像毒品一样，明知道他有个在英国留学的女朋友，May还是陷了进去，情不自禁地"吸吮"这段错误的感情。对May来说，这个男人在她面前所表现出来的一切都是只爱她，而对于在国外谈了5年的女朋友只剩下责任，并且已经明确提出分手，之所以还有联络，完全是出于已经演变成亲人的关系……读者朋友们看到这里，一定会大骂May居然连这都信吧？

但往往当局者迷，换成你，深陷其中，也未必能理智清醒地全身而退。就这样，这个男人在May和他那所谓的已经分手的女朋友之间周旋，害得May好不痛苦，甚至养成了每天睡觉前要偷偷地关注"他的她"的微博动态的习惯，越看越揪心……终于，她忍不住了，打电话向我倾诉，等她叙述完一切加上她自己"不理智"的分析，即被我无情当头棒喝："鬼话连篇你都信。"

她还不肯面对现实："他说他和她早就分手了，可是她一个人在国外也不能不考虑她的感受，不能太决绝。再过2个月她就回国了，他父母现在逼他和她订婚。所以，我想我应该退出，但是他告诉我他很痛苦，我也能感受到他很痛苦……"

我又气又怜地打断了她，简直是哀其不幸怒其不争："你把他号码给我，如果相信我，我打给他。"

于是，我花了十几分钟，说服她把那个男人的手机号码给我。

"嘟……嘟……嘟……"电话接通了，尽管被封为"恋爱小贴士"，可打给一个陌生人还是让我试图平静地酝酿好开场白："你好，我是May的朋友，童童。"

"你好。"电话那头的声音一听就让人生厌，"童童？噢~我听May常提起你。"

"那你应该知道我的性格，我就不拐弯抹角了，你们的事情我略知一二。别的也不感兴趣，只问你一个问题：你是爱May还是爱你那个英国女朋友？"

"我爱May。"他说，"但是……"

然后，他开始滔滔不绝地狡辩之所以不能和May继续下去的理由。

挂完电话，我立刻打给May，"搞什么东西啊，他痛苦个P，哪一个痛苦的家伙还在KTV那么high的？！你不是说他现在正一个人落寞吗？为什么我这个陌生电话打过去，里面传来欢快的背景音乐……不信你自己打。"

终于，几天后，他们分手了。为了不让她继续再因寂寞沾染上"祸患"，在众姐妹的劝解下，她回了上海。

每个女孩儿都会陷入爱情，我也不例外，只是面对不适合的感情，是强求还是放手，面对正确的感情是抓住还是怯懦，女孩儿们都应有自己的选择。

可能是平时看上去比较洒脱吧，加上对任何事包括感情有一套自己的见解，我在大学居然成为一些女性朋友们的"恋爱小贴士"：解析疑难杂症，倾力出谋划策。往往我那些馊主意还真有那么点儿用处。其实这正是年少时代天真烂漫之处，现在，越来越成熟，渐渐对别人的生活从本质上不关心，也越来越懂"道理"，不干预他人在自己人生路上要做的选择。

大学时有个朋友，温柔善良、善解人意，可总是缺乏自信，每每陷入一段感情就会无法自拔。在我的印象中，她大学一直在饱受单恋的痛苦，像是中了某种魔咒，总是爱上不爱她的人。她为他在CD上录满自己唱的歌，为他在日记本里写下字字心情……可他只是礼貌地把她当成一个朋友。她总是心力交瘁地跟我们分享他的一言一行，期待我们能从中找出任何蛛丝马迹告诉她他也喜欢她，可我总是让泪流满面的她继续失望。

有一句话，我跟她重复很多次，也是我想对很多女性朋友说的："恋爱的道路上，没有勉强。在你不甘心已经为他做了所有你能做的事情却仍然无法打动他的时候，殊不知在他眼中那些付出却是种困扰。请你勇敢放弃，因为他真的不喜欢你。与其继续执迷不悟地付出让自己伤痕累累，不如收拾好心情，去接触陌生人、尝试新生活，去充电、完善自己。没准等你变得更好的时候，他会折服在你的魅力之下，也可能那时你已看不上他。"

引用一条恋爱潜规则：他没主动找你，他忘记了答应你的事，他不想结婚，只因为He's just not that into you（他其实没那么喜欢你）。

还有一个同学，严格地说不能算同学，初中是我们隔壁班级的，因为一个姐妹淘Grace才和她打过几次照面。我甚至都叫不出她的名字。初中时，那位同学俨然是个假小子，说话很man很爽朗。高中后，一个偶然的机会，我和Grace正在快餐店吃饭，突然一个打扮妖娆的女人走过来打招呼，Grace大呼："是你啊！女大十八变了啊！"我只觉得眼熟，完全没将她和当初那个假小子联系在一起，勉强说服自己她们是同一个人，可还是觉得不适应。

她自来熟地坐下，开始敞开聊她的故事，说初中毕业后已经不上学了，现在在一家服装店打工，爱上了一个有妇之夫，那人对她很好，耍脾气耍性子都能依着她。她竟然相信他爱自己，爱到会为自己离婚……Grace嘟哝着："你确定他会离婚？"她用自欺欺人的表情说："嗯！"

当下她和那位男士正在冷战，她觉得这段畸形的爱情哪怕有结果，恐怕也走不到最后，自己的家人根本不可能接受，所以有打退堂鼓的意思。可当那位男士电话一来，我们看她努力克制住欣喜的花痴样儿，就知道她一时半会儿是没救了。

每每有人陷入错误的感情，不禁想问，那个让你陷在爱情里的男人真的十全十美、魅力无限吗？客观地看看他，普通得不能再普通，或是渣得不能再渣，或者谎言说得不能再像谎言……他在你面前抠脚趾，挖耳屎，自私胆小……请问，你放不下的是什么呢？是放不下"他"，还是放不下自己对他所做的"付出"？是戒不了他，还是戒不了心里有他？再或者是一种占有欲，因为他不完全被你所拥有？

首先，我认为：不值得为了青蛙浪费青春和眼泪，否则你的王子一定会等得很着急。有个小窍门，如果你失恋了，就在本子上详细罗列对方的缺点和让你厌恶的地方，当你想他的好时，马上把那本子拿出来看。至于他的好，等时过境迁再拿出来回味吧。失恋的当下，你只需要把错误的感情"断舍离"就好。

其次，在你可以选择善良和不善良的时候，选择善良，那是风范。比如哪怕你摔坏了人家手中的娃娃，只需要赔钱就可以平息她的哭闹，但是，你不会容许自己那一刻抢夺的"快感"，这是有选择并且选择了善良。有些人没得选，他只能善良，要不然更没有活路，因为他没有作恶的能力和本钱。

说来也惭愧，曾经有个男的追了我7年，他见证了我两段感情的开始和结束，但就像骑士一样不愿离去。这其中，我有推卸不了的责任。我最大的错误,就是一直想保留这段友谊,殊不知,这对一个喜欢自己的男人来说相当残酷。所以,我早该意识到,一旦变味的友情,要么让我爱上他,要么让他别再爱我,没有中庸之道。这也正应了我的理论:角色定位要清晰,把喜欢自己的人当成男闺蜜,显然不妥。

我尝试过跟他分析:"其实,一个人爱不爱自己,自己是最能感觉到的。从眼神、语气、自然而然散发的气息……真的,我并没感觉到你是喜欢我的。你很好强,你之所以放不下,是因为你不甘心××能追到我可是你没有,你不甘心那么多年的追求和付出。可这是笔算不清楚的账,你越是不甘心,就越是放不下,也越是会继续耗费时间……沉没成本。何必呢?你是复旦大学高才生,长得也帅,何愁没有女朋友,与其浪费时间在我身上,不如发掘和欣赏身边的美。"

朋友们,体验是好事,不管好的、坏的。可得给自己一个deadline(期限)和bottom line(底线),无休止的沦陷,不但磨人,磨得自己都看不清内心真正的独白,磨得让旁人看不清你,也会让你耽误时间去遇到真正属于你的Mr. Right / Miss. Right,拖延你可以拥有的幸福。

曾经看过这样一则故事：古时候有一个少年与人比武，但败于人前，于是他决定上山拜师练功，他日学成后再下山与之决斗。十多年的岁月中，他谨记当日之耻，勤于练功。

每一年，他都会问师父："我可以下山了吗？"

师父问："你觉得你现在能够打败那个对手了吗？"

他回答："不能。"

如此，每次都被师父劝下。斗转星移，岁月流逝，18年后，他终于学有所成。师父庆贺他："现在连师父都不是你的对手了，你的武艺已经足够精湛，可以下山了。"谁知少年说："师父，我不下山了。"师父浅然一笑，"为何？"少年回答："因为一次失败，我潜心18年练功，其实我一直在输，因为这18年来我都不曾放下。如今我虽一身功夫，但只有放下，我才是彻底地转败为胜。"

深深陷在错误的感情里，只会一叶障目，又何谈领略更美更辽阔的风景呢？

追求需要勇气，放下更需要勇气。

与君共勉。

对正在考虑要不要和他/她分手的朋友们，可以问自己一个问题：两个人在一起与不在一起相比，哪个时光你更快乐？不要为了习惯、怜悯或不好意思。

对正在犹豫是否要和他结婚的朋友们，也可以问自己一个问题：两个人在一起与不在一起相比，是加分还是减分？不要为了物质、怜悯或不好意思。

两个人若在结婚后，共同规划、互相辅佐，一切变得比分别单身时更好，且发展的步调同频。那就是1+1>2的选择。

你挑选另一半，也不用着急看他现在有什么，而应该看他能够带给你什么。纵使他当下开着宝马，可如果和他结婚后，让你变成整天愁眉苦脸的怨妇，那他是带你做了减法，你并不快乐。如果他当下骑着自行车，但和他结婚后，你们一起建立目标、一起努力、一起实现，让你变得比原来的你更有活力、更有精神、更热爱生活、更爱笑……那他是带你做了加法。

"一辈子，和一个让你增值的人一起，会越来越快乐。一辈子，和一个让你贬值的人一起，会越来越郁闷……一辈子很短，你选择笑到最后，还是熬到最后，都看你自己。"

这也值得反思，自己是"正向"还是"负向"？"负向"是指无论谁来加，到最后都是减。若是另一半跟你结婚后，1+1<2，你还不满意了，觉得跟自己想象中有距离，生活

怎么没有进步，反而还退了步。也反思一下，是不是自己的问题。

有句话说得好：你有怎样的智慧和底蕴，才可以吸引配得上这样的智慧和底蕴的机遇以及伴侣。

很多人只留意到你的鞋子好不好看，只有你才感受得到脚穿着它们舒不舒服。纵使钻石再大颗，指环不是你的尺寸，强行戴着也还是别扭，且比合适的小分钻戒更容易丢。

爱情和婚姻本就没有什么一定对或者一定不对的道理。只要保持正面的生活态度，将心比心。每个组合的故事都是一部长剧，你、我、他既是演员，也是编剧，而结局在每一个微小片段的演绎串联下不停地变、不停地变。

爱情里的断舍离，就是当断则断，不受其乱。毕竟，恋爱很短，但生活还很长。

可以勇敢，也可以温柔

城市的轮廓，你的孤独。在外闯，很艰难，很寂寞……总有人懂。

我也有过一段"自己到底是谁""我那么拼命是为了什么""自己好像被全世界抛弃了"的阶段，也经历过对什么事都不感兴趣的阶段，勤勤恳恳工作，周末穿着睡衣，不化妆不打扮，沦陷在沙发里，动都不想动。那段时间，没有恋爱，没有牵挂，没有过多的情感出口。

女人应该是感情丰富的物种，需要不同的情感平衡生活，才能维持美丽。为了摆脱那种"精神亚健康"，我内心也渴求良方。谈场能够"变滋润"的恋爱？噢，这可遇不可求。于是，我想到，领养个宠物，寄托情感。

接下去要讲的故事很伤痛，自从多多走了以后，我保留着她唯一的一张照片，至今不敢翻出来看。

那很早了，大概是发生在2011年。多多是童爸花了100块钱从狗贩子手中买回的迷你狗狗。所谓没有买卖，就没有伤害。单纯的童爸只是开车经过，瞟见路边卖狗，觉得特别可爱，便打电话回家问意见要不要买。我们全家都很爱狗，却对贩狗、星期狗鲜少了解。一听说家里会迎来一个小家伙，自然都开心得不得了，还没等她到，我们已经在猜想她的可爱模样。

她一进家门，昂首挺胸"咚咚咚咚"地小碎步四处跑动，仿佛对新环境很是好奇。我和妈妈就在边上看着她，也是欢喜得不得了。弟弟早听到家里"喜报"，放学回家第一件事就是问："多多呢？"

那时正是冬天，我给她预订了暖暖的草莓狗窝、衣服、狗粮、羊奶、玩具……告诉她，以后在这里，不需要担心任何事，我们会让她开心快乐地度过一生。由于自知不懂狗，我还特地加了一个"狗狗天地"的网上聊天群，向很多达人请教问题。

因为多了一个她,全家都幸福得不得了,笑得都很满足,照顾她,看她跑,瞧着她自己走进走出她的小窝……我迫不及待拍了照片上传微博,同大家分享,她叫多多。

网友对多多小老虎般条纹状颜色的毛很好奇,说没有见过这样的品种,那种颜色的毛应该是被染上的。我心里还想着,哪怕颜色不是天然的,我们也不会嫌弃她。

正高兴着,突然,童爸抱着她说:"哎呀,你们看,她的一个眼睛怎么是浑浊的?"我们赶紧跑上前,紧张地看了又看,我当即向狗狗天地的朋友请教,众说纷纭,我决定带她出去看医生。为了避免多多太小吹到外面的冷风,我和妈妈拎着草莓窝出门,找到一家宠物诊所。

诊所医生一看,说那个眼睛就是瞎的,不是因为得病。我们虽然觉得"哎呀,怎么会这样呢。居然挑了一只有残疾的狗狗",但还是很庆幸医生说她没有眼病。想着健康就好,反正我们会好好对她,给她很多爱。医生问我们:"狗狗抱回来以后,有没有吃过药?"我们诧异,狗狗要吃药?听医生解释完,好像一副每只狗狗在出生后不久就该吃那种药的模样，于是，我让医生给她喂了半颗药，而且很担心会因为自己的无知没有照顾好多多。

接着两天，继续幸福的生活，我在案上打着字，多多在我脚边走来走去……家里虽然多了狗的臭味，但空气里却弥漫着甜……

可不幸还是降临了。第四天，多多开始躲在她的小屋里，水不思饭不想。你们不知道她有多乖多聪明，知道便便不能大在草莓屋里，她一直会特地走出来，大完再回去。即使是那天，她虚弱得几乎站不稳，可还是坚持出来，全身无力的模样看得我心都快碎了。看到她难受，比我自己难受还要不好过……一下午我都在咨询网络群里的养狗达人，半夜11点还在联系宠物医生……有试过在忧心忡忡中睡觉的经历吗？我那天就是，半夜醒来好几次，都是蹲在她门口看着她……她也醒着，看着我，很难受……

第二天，童爸载着我带着多多去看病。医生说："她得了细小……"细小？能治好吗？医生摇摇头："很难。"我边哭边求医生一定要救她，医生说："得治疗3天，3天后若是看好就好了，若是看不好，就只能等死。整个治疗下来，1500。"

"治好的概率是多大？""这种狗，那么小，唉，百分之十吧……"

自从多多生病以来，我就满心思在她身上，吃不好睡不好，脑子乱乱的。看着多多，她就一直躲在她的小草莓屋里，不肯出来。医生把她抱出来检查，放下，她又虚弱地走回去，窝在那里。多多，傻孩子，那是你的小草莓屋，永远属于你，不要怕……

可多多，最后还是走了。

我每天以泪洗面，痛苦地回想着她刚到我们家时活泼跑动的样子。全家都很伤心，他们也没有心思来劝我，就是任由我边哭边做其他事。妈妈怕我触景生情，偷偷地把多多的小草莓屋扔了，其实多多走后，我都不敢再看一眼小草莓屋。

好长一段时间我一直自责，到底是哪一步导致了多多的悲剧，我怀疑过是那个宠物医生，也怀疑过是不是狗粮有什么问题。直到后来我在网上看到，有一种狗狗叫"星期狗"，我们家的多多很有可能就是一出生就注定是悲剧的星期狗。

我非常憎恶狗贩子，也突然感受到了自己的无能。其实有时，人就是那么渺小，想保护的保护不了。我一直想写一篇文章纪念多多，可一直不敢挖掘伤痛写出来。

那一段情感寄托，在一个星期内让我体会到了从天堂到地狱。很长时间里，我一直以朋友宽慰我的一句话宽慰我自己：多多幸好被你们买回家，尚且有几天的快乐时光，若不是，可能连一天的幸福都没有。

再悲伤的情感也好过没有情感。半年后，我又去领养了童小姐，一只萌得我们全家心都要化了的红贵宾狗狗。

奋斗中的人们，耐得住寂寞，才能守得住繁华。你的孤独，总有一个让你坚强的理由。这理由，也许是父母，也许是伴侣，也许是爱宠……他们都是把最忠诚的一颗心永永远远地交给了你，依赖着你，这份毫无保留的信任，就值得你为了爱他们、给他们幸福而坚强。

小学语文课本上有这样一句："甘于寂寞的人，是不会寂寞的。"曾经的孤独，被我用来修行，内外兼修，专注成长。如今已经沉淀出享受孤独的心。现在我的身边围绕着很多人，但人来必将人往，再平常不过了。而我知道，我的心已经强大到，纵使哪天只剩我一人，我依然会享受孤独。

对悲伤情绪，我也坦然很多。我们常常努力消除悲伤，但有没有想过"悲伤"的感受，它为你而来，饱含你的情绪，想拥抱你，你却一直挣脱，它该多难过啊。我就不一样了，我和我的快乐、我的悲伤，一直和平相处，快乐朝天，悲伤朝地，我就静静地看着它们互拜。

你若盛开，清风自来

有多少人在每年的4月1日，借着愚人节，鼓起勇气向心仪的他表白了？

最美的感情，无疑是暗恋。打个不知道恰不恰当的比喻：什么状态最性感？不是全裸，而是那种犹抱琵琶半遮面的若隐若现。

心里装着一个人，周末都变得无趣，好想赶快回学校看到他啊。他在的那个方位有种莫名的魔力，感觉同样是阳光下的大地，那个方向总是更具暖意。小眼神瞟啊瞟，寻找着什么，眼睛好像会骗人，随便出现个人影都感觉像他。会偶遇吗？又期待遇见又害怕遇见，真的见到，那种小鹿乱撞般的心跳又是如此强烈。如果他碰巧上课坐在你的左后方，天哪，整个学期下来，你都快得斜眼症了。

他对我也有意思吗？他也在看我吗？每个暗恋中的人都有侦探的潜质，抽丝剥茧，寻踪觅迹，发现一点线索都可以毫无预兆地兴奋半天，若是看到他和其他女人走在一起，那股酸意真的能让心情down（低落）下来——最酸的不是吃醋，而是你连吃醋的资格都没有。不是人家的女朋友，哪里轮得到自己吃醋的份。可心里还是酸啊，怎么办？找姐妹淘诉说心事、听抒情歌沉浸在一样的悲伤里、一个人逛街旅行走走停停……什么办法都试了，可心里，还是实实在在的他，挥之不去。

很多人都曾暗恋过。那种心情其实很美好，关注他很美好，有意无意地对他好很美好，他的笑容很美好，多愁善感的忧伤也很美好……

更美好的事——那种心照不宣的互相喜欢。如果让我评价感情中最美妙的一档，我真心以为是"友达以上，恋人未满"的状态。互相吸引、彼此在意，偷偷猜测对方心思，明目张胆关心送暖，哪怕是吃醋，也可以用"重色轻友"的借口理直气壮地数落……这个状态既有恋爱的甜蜜蜜又有暗恋的神秘感，当然，还有柏拉图般的精神满足。

每次回忆自己年少轻狂的时候，有这个状态的时光都会让我无比怀念，那是属于青春的情感专利，青涩的心灵可以任性。我想，过了那个可以灿烂做梦的年纪，恐怕再也不会有这样的体验，纯粹而没有杂念，像栀子花开。

这样说，可不是要鼓励大家一直暗恋下去噢，该抓住的幸福还是该适时抓住。如果能一辈子如此，我也许倒也愿意。但人生时时刻刻都在变化。他可能要去另一个城市啦，你可能要出国留学啦，你们到了适婚年龄得赶快谋感情出路啦，你们身边萦绕的"花蝴蝶们"迎风飘扬啦……太多太多可能性出现，让你们必须选择——进一步还是退一步。现实不是偶像剧，兜兜转转一圈后，你未必还能在几年后的老地方重逢那个他……被人喜欢是幸福的。

其实每个决定都将收获今后值得回忆的珍贵moment（时刻），你可以将秘密永远藏于心底，深不可测地隐忍，在他婚礼上敬上一杯；你也可以孤注一掷地表白，大不了伸头一刀，及时梦醒，虽然被拒绝很尴尬，但再不争取就永远没机会了，试过了后悔总好过连试的勇气都没有的后悔；若是表白被接受，那种喜悦就像全身撒满了阳光，你简直会甜到死。

偶然看到这样一句话，话糙理不糙：遇到喜欢的人一定要表白，你丑没关系，万一他瞎呢？

中意他，想和他恋爱，等是没用的。除了蹉跎了漫漫岁月，根本无法让他体会到你的心意。喜欢他，想和他恋爱，求是没用的。除了让自己掉了份儿，哭哭啼啼的卑微根本求不来爱情。你若盛开，清风自来。先收拾好自己才是正经事。你看得上的男人能喜欢一个没有魅力的你吗？

对恋爱中迷茫的人类，"我觉得我和他不会结婚哎，那你觉得我们还要谈吗？""你说他以后万一喜欢上别人怎么办？""你说我和他会有结果吗？"我的分享就是，断舍离那些感情中的假设性问题，你只需扪心自问：两个人在一起与不在一起相比，是开心得多还是不开心得多？

如果两个人在一起比分开更痛苦，一天一小吵三天一大吵，不是在enjoy（享受）而是在suffer（忍受），那我劝你早分早好。可如果分开比在一起难熬，有种心被挖空的感觉，痛苦不能自已，很希望能够复合的，那就在一起吧。

要知道，无论你和谁在一起，恋爱的流程都会走一遍，差别就在于，两情相悦的人对这些流程是笑着走完的。

恋爱中的你，就应该放轻松地去享受这份感情，酸甜苦辣，趁着年轻，多经历一些对自己没什么不好，有苦有甜回味无穷。三毛说："当你连尝试的勇气都没有，你就不配拥有幸福，也永远不会得到幸福，伤过，痛过，才知道有多深刻。"

"人生短短数十载，是非对错转头空，青山依旧在，几度夕阳红"，还没尝过爱情的滋味就老了，我个人觉得比爱过一个人后受伤"累觉不爱"更悲剧，像《还珠格格》里紫薇的娘亲说的："连个可想、可念的人都没有，那人生就如枯井，了无生趣。"

不亏待每一份热情，不讨好任何冷漠

这篇的关键词是：高调做事，低调做人。

也许你会问：做事既然高调了，不就意味着越发受到瞩目么？还怎么低调得起来呢？就像我把这句话当成座右铭，不乏会有人疑惑：你若想低调，那怎么会去写书，去演讲，接受采访，把作品推到公众面前，如何低调得了？

其实，所谓的"高调做事"，我的理解应该是指"尽人事"，用最大的努力去达成目标，用最高的标准去完成任务，用最佳的方式去团队合作，用最有效的途径实现利益最大化……为此，你勇敢，你拼搏，你所向披靡……因此，你得到肯定，得到赏识，得到爱戴……如此"高调"罢了。而"低调做人"应该是——谦恭。无论什么身份，什么地位，什么成就……不卑不亢，不骄不躁，不高估自己，不贬低别人。永葆一颗平常心，看得到自己的不足，望得见别人的光芒，信服得了盟友，称赞得了对手。不趋炎附势，不嫌弃弱势。对老板总监能够微笑问好，对扫地阿姨也能亲切问候。所有人在你眼中一视同仁。不比，不炫，这就是低调。

比如，假设我很有才华，能歌善舞、诗词歌赋，我若"喳吧喳吧"地嚷得全世界都知道，大家是会钦佩我厉害还是嫌恶我张扬？但若我不说呢？我就扎实地把事业做好，突然有天大家发现我居然还相当有才又这么"低调"，大家是不是更欣赏？试想一下，你因具有某项才华，咋咋呼呼不可一世，让人讨不讨厌？反而，你专注做自己的事，用实力说话，不声张那些没有用的，当别人发现其实你竟然还有此等才华的时候，会不会对你由衷赞赏？

我有时开玩笑说自己"可萝莉可御姐、可攻可守"。其实是想说，角色管理的精髓在于，在不同角色间游刃有余地瞬间转换和适应。像水，根据对象和场合不同，以不同的内涵却都自然真实地流露着本我。

一位艺人朋友曾经给我发过这样一条短信：童，花几天时间把你的书看完了。我虽然是主持人，可不太喜欢和刚认识的朋友刻意走太近,但是你的热情开朗执着特别能感染人。看完你的书,更加喜欢你,我喜欢做自己的真实人。美丽不自知,智慧不自骄,你有今天不是靠运气,是靠你自己!加油,一直幸福下去!

一位企业家友人告诉过我这个观点:要和基层搞好关系。

这位友人之前担任一家大型美资企业的CFO,却不忘和公司的全职司机保持良好关系,而且他招进来的司机都得懂英语。别小看司机师父的作用,他们可是企业里的"隐形眼睛",看似和老板的level(层级)最远,但实质距离最近。他们负责接送各大boss和客户,老板爱乘什么航空公司的班机,喜欢哪家餐厅,何时何地到哪家店买了包装精美的礼物,在车上给谁打电话,大概说了些什么。通过这些"可爱的人",你能知道很多老板本人不会说的事,探得他们的喜好、品鉴能力和最近的心情状态。多么深邃的"情感"——老板们总是看不见他们,而他们的眼里却都是老板,这就是为什么公司的CEO或大客户总能对友人的安排感到惊喜和贴心,这得感谢那些默默无闻的"凝望者"。

你会发现,越有地位的人越谦逊有礼。拿我待的第一家企业举例,世界五百强顶尖德国集团,总监们几乎个个平易近人,全中国1万名员工,总监总经理级别的不超过1%,这些人都是见过风浪的,见谁都几乎90度鞠躬打招呼。相反,我却看到过specialist(专员)对着保安大声训斥,完全不顾及对方彪形大汉那紧绷的尊严和脆弱的心。

那时在公司,我每次见到做清洁的阿姨,都会笑脸相迎并问好,有时搞得阿姨都不好意思了:"哎呀,你一直那么客气,你们见到总监打招呼是应该的,叫我阿姨好、阿姨好,阿姨都快不好意思了。""有什么不好意思的,见到总监要打招呼,见到阿姨也要打招呼。对我来说,都是一样的。"阿姨虽然是整个三楼办公区的阿姨,但貌似格外喜欢我、"照顾"我,茶水间热水壶的水开了,她有时会特地端过来替我倒上,对总监们都没有这样。

在差不多10年前,在这家公司,也只有我会在餐厅从打饭的阿姨手中接过午餐时点头微笑说:"谢谢,辛苦!"阿姨们先是有受宠若惊之状,也许因为太多人认为她们的服务是应该的。日复一日,在每天服务的几百人中,她们记住了我,偶尔会关心地说:"今天你那么晚才吃饭啊,肯定很忙吧?"然后把我喜欢吃的菜留给我。

那时，坐公司班车的时候，也貌似只有我会在下车的时候对师父说"谢谢！"在我自己开车之后，司机师父还会主动打电话来问："诶，童童，你今天不坐班车吗？要在××站等你吗？"

对公司的保安，我也是进出大门必摇下车窗打招呼，所以尽管公司车位紧张，他们也会想办法帮我挪一个空位出来。

很多人还没熬到秋天结出果实，就已经在春天犯了大头症，于是炎热的夏天就变得很漫长。我曾目睹过一个笑话，那次是去一家企业听他们的内部讲座，讲座结束后，坐在我右边的女孩笑容可掬地向她临近的几个人递上名片，并问是否可以加大家的微信。正在我们欣然拿出手机时，有一位女人正眼都没瞧她地说"没关系"，意思就是不用加。我望了她一眼——打扮靓丽，妆容精致。

"递名片"女孩闪过一丝尴尬，但立刻装作没事，看那个女人拿出手机想要和主讲者拍照，便说："我来帮你们拍吧。"等拍完，"没关系"女孩又用鼻孔看了她一下，连谢谢都没说就把手机抓了回去。听"没关系"女孩和主讲者聊天，得知"没关系"女孩是在这家企业实习结束后进了一家奢侈品公司上班,大概认为自己也跟随所卖的产品涨了身价,便把眼睛长到了头上。

正聊着,企业的大Boss(老板)走了进来,"没关系"女孩立刻迎了上去:"×总,谢谢公司一直提供那么棒的讲座,连曾经实习过的我们都受惠。"老板笑盈盈地回答:"你们觉得有用就好。来,给你们介绍一下,她是我女儿,刚从美国回来。"然后用手指了指刚才那位"递名片"女孩……

对地位比自己高的人阿谀谄媚,对地位比自己低的人冷眼不屑,这是普通人。

对地位比自己高的人淡然对话,对地位比自己低的人谦逊有礼,这是聪明人。

社会上大部分人嫌贫爱富、趋炎附势,可在我看来,反一反才"正聪明"。

你想呀,你对你的主管说尽好话,他心里会怎么认为?也许会想:"拍马屁!不过……我喜欢。"然后呢?然后就没有然后了。对他而言,拍马屁的人太多了。这就像你跑到富豪、明星或者名人的微博下说一百遍"我爱你!我好中意你!你真厉害!我可以!"有什么用?对方又不可能因此把你列为关注对象。

但,也许你会问:对于老板,大家都在拍马屁,只有我没拍,不好吧?

我想说:Maybe(也许是)。确实不是每个老板都只看能力的,谁都喜欢听赞美,偶尔你借着客观事实,说句"哇,老板,您真睿智,考虑那么全面,跟着您,真是受益匪浅。"点到他心里就好了,不要过度,否则立刻沦为溜须拍马的嘴脸。而且相信我,若一个老板只靠听人拍马屁来决定亲疏,那他会是个多有才干的老板?

其实地位高的人,身边最不缺的恰恰是"谄媚脸"。低头哈腰的见得多了,你若是有能力有本事,淡定自若地阐述观点、交流想法,他们还可能会眼前一亮,欣赏你这个自信的潜力股。若是真有料,没准还能因此寻到你的伯乐。所以,有的时候,你需要从容地、用最让人舒服的方式表现你的才华,帮伯乐好好擦亮眼睛。

至于对地位比你低的人,又该如何?

相信大家对这样的场景并不陌生,当然也许没那么夸张——你到一家餐厅用餐,遇到了笨手笨脚的服务生,在几桌客人之间跑来跑去,嘴上挂着"诶,诶,马上来!"看着挺忙碌,可愣是哪边都没及时照顾到,好不容易上菜了,还上错。万一此时,他还匆匆忙忙没看路,撞到了你的桌角,你会如何?大多数人恐怕会立刻端出"注重服务质量"的一套开始大肆教育人家吧?也不考虑周围有多少双眼睛、店长是不是在边上,"噼里啪啦"说得人家都抬不起头,更严重的,甚至还会把经理叫过来一起训吧?

我的分享是,千万不要和比自己地位低的人过不去,那样,就是和自己过不去。

要求高标准的服务是应该的,但是你也要看看那是在什么地方……先别忙着指责我是不是想为这种服务品质开脱,如果你在一家高档餐厅,吃一碗100块钱的面,发现面太咸,一定马上有人出来道歉,立刻重新给你换一碗,还额外加个蛋。如果你在一家路边小摊,吃一碗10块钱的面,发现面太咸,你叫"老板娘,面太咸!"她也许给你加点水,然后你俩尴尬地对视,互相都不希望对方提出更"过分"的诉求,相安无事,一个继续转身煮面、一个继续低头吃面。你在五星级酒店希望享受"八颗牙笑容"的尊贵服务,是绝对可以理解的。那边的服务员拿着相对不错的工资,受过专业训练。但是在普通的餐厅,看看店门上贴着的招聘启事就知道,到处都是三、四千块招一个端盘子的,他们换工作几乎没有成本，这里待不下去了，明天换一家照常上班，干吗要对你笑？客人是上帝没错，但他们就念完个初中出来打工，自己温饱重要，根本顾不了上帝。

有时，你以为自己的地位比人家高，拿着你的标准去咄咄逼人，小心把人家逼成垃圾人……不信，你再尝尝汤的味道，人家也许已经在里面吐了一口你永远不想知道的东西……

其实，你站在对方的角度想问题，往往容易理解得多。不要盛气凌人，不要得理不饶人；要有容人之量，得饶人处且饶人。纵使觉得人家服务不周到，微笑地说："没事，请帮我重新换一盘就好，谢谢！"这样，事情也能解决，且照顾到了人家的面子。难道人家活那么大是真傻吗，他也知道自己错了，你又何必再苛责。倘若人家是真傻，你说了，他也改不了笨手笨脚的毛病，这就是为什么他一辈子只能当服务生啊。

给别人颜面，就是给自己体面。

Respect people's feelings. Even if it doesn't mean anything to you, it could mean everything to them. 尊重他人的感受，尽管对你而言不意味着什么，但对他们而言却是全部。

予人什么东西最让人难忘？——给他，他所缺的。

对于地位高的人，他缺的可能是难得的人才，或者思想上的认同感。而对于低层的人，他所渴望的就是平等、尊重和存在感。不需要同情，不需要怜悯。

"高高在上"的你，若是给予"没你那么如意"的人尊重，收获的将会是感激，因为很多像你一样的人在他们面前都端着架子，而你没有。所以，他们比和你平级的人更会记得你的友好，一旦有机会，还可能涌泉相报。

记得2014年，正值樱花烂漫的季节，我和某省的前副秘书长一行人相约去武汉大学赏樱花，随后顺道到汉正街午餐。几个人点完菜，正聊着，突然，"噗"的一声，一个服务生不留神，把茶水洒了，当下紧张地往后缩了一下，随后连连道歉。可在座的五个人反应几乎出奇地一致，进出的第一句话都是："你没烫到吧？"那位服务生愣了一下，也许她以为会遭遇客人苛责吧……出去之后，再回来上菜，非常小心仔细，我们临走，还不忘鞠躬说谢谢。一视同仁的精髓便是：不趋炎附势，不嫌弃弱势。对老板总监能够微笑问好，对保洁阿姨也能亲切问候。

情感断舍离，还有一点是不要和无谓的人周旋，尤其是和闲人。

俗话说"宁得罪君子，不得罪小人"，闲言也说"永远别和笨蛋争论，因为他会把你的智商拉到跟他一个水平，然后用他当笨蛋的丰富的经验打败你。"

我认识的一位退休阿姨，之前跟她房屋的建筑商打官司，最终建筑商赔了8万。

事情是这样的，原本建筑商违规建房，被几十户居民联合投诉，要求索赔。他们便想一户给3万了事，好多居民怕麻烦，也觉得价钱马马虎虎可以接受，便不再坚持。建筑商也以为为了这点小问题，哪有人会真去告，太花时间和精力。可这位阿姨偏不，她有的是时间跟人家磨，从正面、侧面搜集了越来越多的违规建造问题，把状纸还是送到了法院。建筑商这下懵了，软硬并施，都不管用，更使猛招，找人上门威胁。阿姨性格刚烈，不吃这套，他们越是如此，她就越不肯拿钱了事。本来嘛，这事到了法院劝当事双方协商的时候，建筑商私下和阿姨把这事了结了，也省得后面那么折腾。可偏偏爱跟这位"闲"阿姨杠上，最后，不仅赔了她钱，还闹得其他居民不肯买账，纷纷也来讨钱了……

我朋友的洋老公是一家公司的运营总监，是个我不太欣赏的胖老外。有一次聚餐，所有人都到了，唯独等他，他迟迟未出现。姗姗来迟后，问原因，竟然是因为在和一个摊贩杀价买盗版CD，从10块钱，花了20分钟时间，杀到5块钱。到我们面前，还洋洋得意自己的"收获"。在座的人都快无语了，堂堂一个总监的20分钟应该按万元计算，哪只值5块钱？更何况，那么多人在等他吃饭，如此失礼于人前。

果不其然，他在岗位上一直没做出什么成绩，一年后被换掉。

随着你越来越重要，你的时间也变得越来越值钱。不亏待每一份热情，也不讨好任何冷漠。千万不要花你的宝贵时间来买本来可以用小钱解决的小问题，也不要和小市民或者大闲人周旋，那样只会把小问题扩大成大问题，花费你更多时间、精力和金钱。

大智若愚，装傻也是一种自我成全

有句话大家一定听过——扮猪吃老虎。我不是扮猪，我是真的猪，基本上我的智商也不足以让我分分秒秒保持聪明，我也不认为时时刻刻绷着神经、伤着脑细胞有什么必要。张弛有度，才是智举。

遇事都精明，在我看来，有点累。也可能让外界对你提防，招不到太多好感。

现在女强人越来越多，仿佛习惯了对任何人、任何场合都施同一种"力道"，可能自己认为这是精明能干的表现，殊不知却让身边的人压力很大。

比如Jean，四十多岁，未婚。企业法律部高级经理，只是，公司上下几千号人里找不到几个喜欢她的。她太擅长把自己的观点强加于别人，什么都想管，对什么人都看不顺眼。伶牙俐齿的刻薄劲不在堂上秀，日常工作中却把同事们得罪得不轻。"显山露水"的机会她永不放过，认为下属们都只能做些paper work（日常文书工作），真正的场面无法像她那般hold（掌控）住。

比如，每期给企业新员工做法律基础知识培训，她必然亲自上马，不管那个场合需不需要她这个级别的人去讲。可真正的才华，她恐怕也是"施展"得很吃力，每次培训她讲的内容几乎一模一样，PPT做得架构混乱不说，还5年基本不曾改过。培训中30%的时间用于展示她个人旅行的照片，30%用于自我标榜，剩下40%用于和那些提问的人抬杠。在工作上遇到争执，她都会卯足要跟人拼到底的死命劲，坚定程度不输领土保卫战。这不？听说她要跳槽了，同事们开庆功宴的冲动都有。没想到几个月以后，她在新公司混不下去，竟然还嚷嚷着要回老东家，大家赶紧倒抽一口冷气，祈祷她可千万别再回来。

她就是属于太"聪明"，时刻处于备战状态，企图向所有人证明她的智商明显藐视群雄。或者说，太不消停，凡是要跟人争出高下，到头来，情场凄厉，职场失意，智商被情商拉到谷底。人生就是一个不断认知到过去的自己是个傻×的过程。不知道Jean十年以后再回头看看现在的自己，会是什么感觉呢。

谁的青春不稚嫩，曾经的我也是，内心不服输，什么都想当最好。其实工作几年后，才渐渐看穿了方方面面都要争最强的"幼稚"，反而学会了在有些事情上显得"笨拙"一点。

有时，示弱才是大智慧。

在职场上风风火火，见到家人朋友要能立刻融化成水。有时不是你老公把你当妈了，而是你让他把你当成妈了。你的能干成就了他的懒惰，可骨子里，他却并不喜欢身边多一个妈。

智慧的女人，外柔内刚。别人不好意思拒绝你的求助，而你自己又懂得坚强。这叫搞得定别人也搞得定自己。

今年有位上海交通大学的教师想邀我去讲一堂有关"IP"的课，便到访我公司，回去后她在朋友圈发了这么一段：拜访童小言，跟想象中的完全不同。作为奕颗贝壳商用音乐公司及MUSINESS.vip平台创办人、曾经的世界五百强德企高管……在她身上看不到丝毫的强势和套路，而有一种天然的纯净、简单、质朴，"知世故而不世故，历世事而存天真"，让人一见就喜欢。所谓越纯净越没有羁绊，越简单越有力量，或许正是她年纪轻轻就能handle（应对）那么多事的秘诀吧。

我有时会用一个词自嘲：蠢萌。"蠢萌"是一种很好的平衡和释放方式，傻傻的但却可爱不讨嫌。需要认真的地方已经消耗了太多脑细胞，在不需要费脑的时候就省着点用。万事精明，让最亲的人都忍不住防备，生怕哪句话说错就招来一顿训斥，自己累，旁人也累。

太精明，何尝不是一种另类的刻薄呢？我观察了几位情感"专家"，都是出了书的，有几个我还认识。他们把感情"剖析"得仿佛很透彻，对读者们写信求助的那些情感问题，也都"一针见血"地犀利回复，可是反观他们自己的感情，也并不那么顺遂。

文青的问题就是太容易美化自己的感官，她认为对的，就是对的，她认为错的，就死活不能是对的……教读者应该这样、应该那样，好像她就是人家情感世界里的判官。久病成医？你的药都没把自己治好就治别人吗？

一对夫妻同是你的朋友，他们十年来都相亲相爱，某天你无意中得知丈夫曾经背叛过妻子，你告不告诉她真相？

再一对夫妻又同是你的朋友，他们十年来都相亲相爱，可时光倒回到十年前，女方哭哭啼啼地来找你，说男方当时其实爱的不是自己，只是他当时刚被前女友甩了，才和自己交往的……你那时候是劝和还是劝分？

再举个你们可能不爱听的例子，假如你妈和小姐妹们出去旅行，其间有一天，你爸凌晨三点才回家，你告不告诉你妈？

感情本来就是两个人的事情，甜蜜只有两个人品得，酸楚也只有两个人尝到。感情有多深，当事人才知道，值得不值得，当事人自有谱。你觉得那个男人对她不够体贴，可她自己喜欢到简直不用吃饭，你认为没结果，人家也心甘情愿相爱一场。

不是"变"幸福，而是"感受"幸福。想要幸福，先要抛开幸福的执念。

别人傻得很幸福，你干吗非要把她拉出你认为的泥潭。看似清醒，其实呢？你笑话人家傻，可人家傻却过了一生的幸福。纵观人生，到底谁才是真聪明的呢？

只有把你自己的生活过到足够好时，你才有闲心和资格去评论他人的生活，而当你过得真的足够好时，你可能更没有闲心去评论了，因为你只热爱你自己所拥有的生活。

一次，我看着窗外，一个帅气的背影映入我的眼帘，潇洒的短发，瘦高的身形。微微转过身来，哇，好帅。我为今天能看到如此美丽的人而窃喜，想上前近距离瞧瞧，便在心里找了个理由——去买瓶水吧，正好口渴。然后走了出去，特意从他身边经过，羞涩地看了他一眼——God（天哪）！满脸小痘痘，鼻子太大，眼睛太小，看走眼了……

傻人欢乐多，有时无知反是福气。

太精明会伤神，太清晰会少掉好多快乐。如果在很大的范畴内，不清醒能够保持美好，那为何非要那么清醒呢？

有些人问我："那个聪明的决策明明是你做的，为什么当别人误以为是×××做的，你不说明？"答："有什么好说的？我又不需要人人知道我聪明。"是真的，每个人都知道我几斤几两对我来说有什么益处呢？只在关键点上聪明，是保存实力。

世上聪明人太多了，也不一定聪明就等于能成事。

况且，聪明人犯错会被骂，蠢人不会。聪明人要有聪明人的样子，蠢人无所谓。更佳的是，像我这样长得蠢的有个好处：可以直接隔离掉那些以表象而非实质判断事物的"真正的蠢人"。

生活断舍离

——不迷恋,不堆积

除了不美,以及还没灿烂却已老去,其他我没有什么可担心的

你怎么穿，你就是谁

有句话叫："缺乏审美力是绝症，知识也拯救不了。"我认为，精致不应该是奢侈品堆积出来的，而应该是内涵的外在流露。每天能够在一分钟内决定穿什么并且穿搭得体又好看的人，拥有的是一种"厚积薄发"的才华。

我是经历过丑小鸭变白天鹅的过程的。记得那是在大学——

大学像极了一个藏在象牙塔里的小社会，半分功利半分纯真的年华。在这里，学生分成四个等级：帅哥美女为第一等；上海市中心的人为第二等；上海郊区的人是三等公民，我属于这类；最不受待见的则是来自外地的同学。

学校里云集了来自全国各地的美女，美女们到哪里都能受到怜香惜玉的对待，可朴素的我平庸得没人记得住。校学生会是大学功利的强化区，尤其是文艺部，里面的学长们都以这里聚集了众多养眼的美女而骄傲。我去面试那会儿，一个学姐问我会什么，我说我会画画，说完在教室的黑板上画了一棵大树，树边上是小木屋，小木屋所在的草地上点缀了些花朵，前方不远处伴着一条长长的小溪。于是我就进了文艺部：他们这儿不缺美女，但总需要人出出海报打打杂吧。

还真被我预言中了，我在校学生会搬过道具、借过钢琴，跑腿也算勤快……因为觉得校的级别大于学院的级别，而学院又大于系，所以尽管在这里像个跑腿的，也告诉自己要忍耐。在这里最大的"福利"恐怕要算我能最先一批拿到几张校园文艺晚会的票。当时的组织行为学课程来了几名香港交换生，出于作为"东道主"的礼节，我主动走到她们面前说愿意送她们票，希望她们有空可以去观看精彩的演出。她们愣了一下，对看一眼，不知怎么回应我，好像并没有完全听懂我的普通话，又怕伤害我的热情，就将两张票接了过去，随后用不标准的普通话说："谢谢，请问我们要给你多少钱？"这两个家伙果然没明白，我重复了一句，但这次却是洋溢着两袖清风的高尚："送你们的。不用钱。我是校学生会的。"她们顿时显出不敢相信的喜悦，连连道谢。

眼看一年过去了，部门里的美女们都有了"彩色的"发展：有些被升了职，有些被推荐参加校园形象大使选拔，有些被推荐主持校园歌唱大赛……又一届新生学弟学妹们来学生会报到了，而我，还是个"黑白色"的小干事。

丰富多彩的大学处处在挑衅平庸之辈的自信心。这么美的校园，我却独自坐在伟长湖边落寞：我到底优秀吗？从小到大是亲戚朋友们都在集体演戏骗我吧？我到底优秀过吗？

我拿出包里"袖珍"的小镜子，凑太近看不全完整的一张脸，将镜子举远又嫌看不清晰。总之，普普通通的发型戴了副的黑框眼镜，并没有多少姿色……

这时同宿舍的一名女生曾对我说过的那句充满挑衅的话回荡在脑海中，"童童"她边刷着牙边抖动着腿说，"其实我觉得你并不好看啊，怎么居然还有男的会喜欢你呢？而且还进得了文艺部。"考虑到和她有可能要同宿舍相处四年，我克制住不悦，用笑声想化解尴尬，礼貌地回道："不知道啊，可能大家觉得我有趣吧……"她却回应给我不以为然的鄙视神情。

该女生侮辱的言论和鄙视的表情定格在脑海中，我越发迷茫……思绪被伟长湖的天鹅"曲项向天歌"般的叫声唤醒，目光停留在那些雪白羽毛的美丽倩影上，在"绿水"湖里自由划行。连丑小鸭都能变成天鹅，为什么我不行呢？

天生开朗的个性并没有让我被这种失落感牵绊太久。我起身，穿过校园，往校门外走，沿路观察着与我擦肩而过的人。我去附近的理发店烫了个卷发，去眼镜店买了隐形眼镜——改变自己心情的第一步，就是改变外貌。古人云：女为悦己者容。可如今，难道不已是"女为悦己容"了吗。描了个淡妆，脚步也仿佛轻快了许多，我告诉自己一定要自信，并努力挤出一丝微笑，谁知这浅浅的一笑居然让心情豁然舒畅，随后竟呵呵大笑起来——自信是最好的妆容。

这里分享一些我的"美丽"心得：自然美肌，才能轻松呼吸。我长得不算太好看，这我知道。但不够漂亮不是我的错，假如放任自己不漂亮那就是我的错了。可求美，也得注意方法。大学是好多女生对护肤品的迷恋时期，缘于对自己外貌的不自信和希望变美的强烈愿望。我也是其中之一，时常在大小商场护肤品专柜流连，心里坚信那些产品背后写的功效不久后就能在我脸上实现，能够将脸蛋变成剥了壳的荔枝那样晶莹剔透。于是，买了大瓶小瓶的"便宜货"，把自己当成小白鼠。那段时间，别人推荐什么好用，就有跃跃欲试的冲动。在变美信念的驱使下，我几乎到了能背出所有成分功效的地步。我一天洗两次脸，洗面奶来回搓，洗到脸干绷绷地才认可洗出了所有污垢，之后按照所谓的"正确的护肤步骤"一层一层地涂，爽肤水、精华液、乳液、隔离霜……终于把皮肤折腾得越来越薄和敏感。我甚至夸张到21岁就去用什么"活肤霜"，结果却着实悲惨——里面的成分把原本就敏感的脸颊直接"整烂"两大块，去了趟医院，擦了一个月药膏，天天出门顶着两坨白白的东西在脸上引人侧目……可我还是不知悔改，屡败屡战、屡战屡败，在痘痘的此消彼长中，继续期待奇迹出现。有这种迷思的不仅仅是我，光在我身边就有好几个。女生看到痘痘就像看到恶魔一样，一照镜子，一天的心情就低落了。想尽办法战痘，越战越受挫。况且大学校园，来自五湖四海的各种御姐萝莉，美得跟花开似的，这对很多平平淡淡的女生来说难免有失落感——中学时还好歹收到过几封情书，一到大学怎么平庸得像隐形人。

对待皮肤就像爱情，你把对方管得太紧反而会让人窒息。试着了解他，解读他，任他自由生长，恐怕比以爱和在乎的名义"折磨"彼此更有效。任何事物，讲究平衡。皮肤和爱情都是如此。我们都是学过化学的，知道"水油平衡方程式"吧？可很多女人还是只知道"去油""去油""去油"，那身体为了使水、油能够继续保持平衡，就不得不从体内分泌更多油分，反而带来恶性循环。

我的皮肤真正得到畅快呼吸就是在我"放开"以后。我不再把过多的注意力放在脸上，也不再"泡"在瓶瓶罐罐里。想想看，如果护肤品真有奇效，那那些拥有月球表面面孔的明星们早就脱胎换骨了，还需要费力烧钱跑去整形？年轻的时候，与其将大把大把的钞票投在这些让自己周而复始却疲劳无功的事物上，不如买几本书来得实际，多阅读、多思考、提升气质、灿烂笑容、充满自信，这样的女人就算不化妆也丑不到哪里去。正所谓：三流的化妆在脸上，二流的化妆在精神，一流的化妆在生命。

在"清醒"后的几个月，我没有再往脸上擦任何东西，偶尔爆出那么两三颗痘痘也被我无视，有时甚至好几天不洗脸……这种"放开"恰好给了皮肤一个休养的机会，慢慢地，皮肤变得不那么容易泛红，痘痘也自觉不再受宠只能选择离去，痘印也在时光的流逝中逐渐淡去……

我很庆幸自己醒悟得早，年龄越小肌肤的再生能力越好，自我修复力也越高。二十几岁的女性拥有足够天然的魅力，何必让那些化妆品在你的脸上进行实验、反应？脸只有一张啊！别太折腾它，不要杂七杂八什么都用，发现适合自己肤质的产品就太太平平地用，"朝三暮四"既浪费又感受不到效果。更千万不要贪图便宜去买一些廉价的假货，要知道真的有效果的东西不可能在地摊上卖，也不可能只卖那么几块钱。

二十几岁的我，只买几样必要的、好的护肤品：温和的卸妆油和洗面奶、不含酒精等刺激性物质的爽肤水、补水或者美白或者滋养型的精华素和面膜（功效依季节而定）、纯天然无污染的乳液，作为日常保养，足已。有时间就画一个淡妆，开怀舒爽一整天呢。另外，每天多笑，保持心情的愉悦也很重要。女人身体的各项器官真的是靠睡眠和好心情养的，优质的睡眠、舒畅自信的内在，才是最好的护肤品。

另外就是身材，减肥，有过体会的人都知道是一项高难度工程。最痛苦的莫过于我这类人：胖的话先胖脸，瘦的话先瘦胸。要说我的小腹，那真是件让我特别挺不起腰的事儿，因为一挺胸，小腹比胸还凸。不明真相的，还以为是怀孕3个月了呢。本来人就不高嘛，那穿修身的短裙刚好弥补身高不足，偏偏B罩杯的胸下顶个"C cup"的腹，真是让漂亮衣服汗颜到底该怎么配上像我这样的身材。

本来觉得自己总体是个瘦子，便也不以为然。真正下决心减小腹是源于闺蜜的一句话："你今天要穿这件衣服出门吗？还是那件枚红色的好看，这件显得你的胃凸……"

我是个爱惜身体不愿冒风险的人，所以抽脂，吃减肥药等"激烈"的做法，完全不在我的考虑范围内。我的胃不好，这是以前上班时留下的"不规律后遗症"，所以像一早起来喝黑咖啡这类的，也被我排除在外。既要瘦，又不能太辛苦，秉持这样的基准，我的减肥大计主要从两方面着手，饮食和运动。不过我是吃货加懒虫，要我专吃那种低卡路里的、清汤白水似的、吃了跟没吃一样的减肥餐，真的比下"地狱"还难受，而且那样减会变成整体瘦，最缩水的还是胸。

无肉不欢的我，只能尽量控制不吃那些"大肉"。看到扣肉，就跟自己说"现在天热没胃口吃"；看到红烧肉，就跟自己说"看那肉皮上飘扬的猪毛，恶心"；不管看到什么肉，就跟自己说"肉很难消化，少吃点"……以此，培养出对大肉的冷淡。

吃饭时，如果有汤，我会先喝汤，每次提醒一下自己，一个星期下来，也就基本养成了这个习惯。

运动嘛，让我去跑步、游泳、打球，我铁定不是那一款。但是我得找一项运动培养出自己的兴趣。女人都是爱美的，而跳舞就有一种能成就优雅体态的魔力，又不像单纯的运动那么容易让我感到疲累，伴随着音乐，自然舞动起来……我想我找到了最适合自己的运动——练一种新的舞蹈，肚皮舞。

学肚皮舞不是难事，跳得好看才难。学会一个新动作并且跳到位，需要重复几十遍甚至几百遍，扭动的多为胯部和腰，跳的时候要保持收腹，连续一个月跳下来总会有所收获，一来减肥二来还能学个新才艺，何乐而不为？

关于着装。明星们走完红地毯，第二天的时尚周刊就是漫天的衣着点评，几家欢喜几家忧。最美和最丑都占有一席版面。欢喜的那位恨不得全世界都看到那份报纸，窃喜"老娘是最美的"！悲催的那位嘴上说着"没事"一回家就把杂志烧了。

不少明星艺人看到自己几年前上节目、走星光大道的照片都有想死的冲动——为什么好好一件衣服在身上瞬间让自己从"美胸皇后"跌落成"太平公主"，为什么好好一条裙子在身上转眼让自己从"凹凸有致"晋级成"肥肉横生"，虎背熊腰回眸一笑间，让现场记者直感激——又有新闻点了。

二十几岁走红的明星，如果背后没有好的造型师，不少人每次出场的行头都会让人捏把汗。她们不像十几岁的萝莉穿什么都难掩青春动感，也极易获取宽容。她们也不像三十几岁的女人跌跌撞撞地从曾经的懵懂时代过来已经谙熟如何将自己打造出风韵和品位。所以，这个年纪的女性正在一个自我审视的阶段，正经历女孩到女人的蜕变期。聪明的女孩经过这个阶段，终于"兼具性感与可爱"，另外一批也终于沦落成"早期欧巴桑"。

什么适合自己，什么成了阻挡你更出色的绊脚石，什么可以助你变成更加优秀的人，什么可以带你走入你想走入的世界……

拉开抽屉拿出照相册，看学生时代的自己。你是否还记得当时有一件衣服穿在别人身上美得耀眼，心动，省一个月的生活费买了一件，以为穿在自己身上也定会风光无限，在校园必定会引人侧目，迷倒众生一片，没想到几年后再看照片——这臃肿的土鳖是谁？

衣着品位高低的很大原因在于，你懂不懂自己的身材？衣服穿在模特身上确实美若天仙，但是你没有那样的天使面孔魔鬼身材，就不要太奢望同一件衣服穿在你身上也能魅力无穷。

许多女明星在推崇"断舍离"，你也可以尝试：
（1）清理你的衣橱。
（2）把不用的东西捐出去。
（3）改变居家环境。

整理书桌、养一些绿植、购置一些鲜花……干净整洁的环境令人赏心悦目。两年没有穿过的衣服，不要怀疑，你不会再穿他们了，处理掉，清理出真正的财富——纳新空间。这个"新"，是指你进步中的品位、即将拥抱的新的憧憬与快乐。

我以前是买好看的衣服，现在是买穿在自己身上好看的衣服。记得我在台湾上一个谈话节目，脱口而出这样的一句话被剪辑成了预告片反复播放："穿时尚的衣服，和把衣服穿时尚，这是两码事"。25岁以后，要了解身材的优缺点，衣服就是把优点展露把缺点藏起的武器。

有一款时尚必备战服，女孩们一定要穿，那就是由内而外散发的自信。你没看到T台上有些长得跟被捏过的包子似的，瘦成一根杆子模样，穿大红西装、着大绿铅笔裤，远看以为是一条什么东西飘来，但随后，你先前的嘲笑声在那股昂首走路的架势下立马"弱"掉，她脚踩着高跟鞋，用一股能把村姑带入国际视野的自信，甩个冷艳的眼神告诉你：什么叫时尚。

"输人不输阵"不是没有道理的，如果你哪天衣服穿反了，你就干脆拿出"自欺欺人"的淡定：它是刻意设计成反穿的，人家超人还内裤外穿呢！自信点，土也就是一种复古了，怂也就是一种洋气了。玩笑归玩笑，但是自信真的是件添彩的华衫，不昂贵、不难寻，对自己say个"Yes"就有了。

另外，还有一条心法：心态决定口袋，会挣钱也要会花钱。试着使用高于自我形象的物品，你会更美更自信。

比起梦想与期待，更应拥有确信与前行

有梦，你启程了吗？有梦想，与其等待不知道在哪里"正抠鼻屎"的伯乐，还不如自己将自己推一把。

现实无情地告诉你，你没有钱，你不是官，你没考上名牌大学，如果不想办法为自己的未来争取一个"华丽转身"的名额，很有可能你今生都将在一份份找不到趣味的工作中辗转，消耗着除了你自己外没人替你可惜的青春，淡忘曾经的梦想，为着能如数领到每个月用来还房贷的工资低声下气地对着发白的屏幕"咚咚咚咚"敲遍无力的键盘……

比起做自己不喜欢的工作每天怨声载道的"木偶"，我倒是更加敬佩冲去参加选秀的"奇葩"们。自从电视上有了选秀节目，夏天就变得充满了梦想和希望。自从有了直播，哪些人是当下的焦点就变得一目了然。自从有了选秀和直播，短短几周在什么节目里红了哪些人，就变得明明白白，

像是公开在跟大家说——有梦想你就去试，红不是遥不可及。秀，也没什么了不起。

记住，如果伯乐不来找你，你就自己奔出去；如果没有贵人出现，你就变成自己的贵人。

举个我自己的例子。

暑假是旅游旺季，也是热门打工季。如果能边打工边旅游，那真是太充实和有意义了。学期一结束，我就回到上海郊区的家。吃完午饭，开始盯着计算机找兼职。鼠标轮不断滚动，下一页，下一页……突然，一条上海外国语大学发布的讯息吸引了我的眼球：暑期夏令营英语教师，地点在扬州。太好了！若是能够入选，不是正好可以在工作之余去扬州旅行？

面试时间一看，哎呀，是今天！

我坐在椅子上犹豫去还是不去，从这里赶到市区，来回也得4个多小时，现在是下午1点，赶到怕也已经3点多，万一去了赶不上面试不是白跑一趟……思想斗阵了10分钟，抱着好奇心，我还是出发了，坐上公交车，慢吞吞慢吞吞颠簸了一路，眼看快到了，下起倾盆大雨……管不了那么多了，面试要紧，纵使淋湿也得冲到教室，不然来一趟的主要目的就泡汤了……手拿着包顶在头上，箭步跑进上海外国语大学。问路，终于找到了面试的教室。

教室里只剩下一个人，年纪30出头的样子，看到我像只落汤鸡，关切地问："请问你找谁？"

"你好，我是来面试的，在网上看到有一个英语夏令营教师选拔……"我踩着满是水的鞋子，拨了拨头发，认真地回答。

"可是面试已经结束了。你是从哪里过来的？"

我失落地跟他说明我是特地从郊区坐了两个多小时的车子，淋着大雨淌着水过来的。

"天哪！你从那里来的啊，好远的哦，我在上海待那么多年，那里还没去过呢。"随后，他开始用英语让我做一下自我介绍。

好在我的脑子还没有被雨水冲乱，立刻用英语介绍了自己，当介绍到大学的时候，他用英语打断了我："可是我们今天来面试的300多名学生都是上海外国语大学的，而且清一色的研究生。"

"可是请您相信，我在高中就已经阅读《大学英语》，大一就已经通过了国家CET6，相信教小学生英语的能力是可以保证的。再加上我一定会是所有人中最认真的。"我脱口而出，仗着他眼中我是个从大老远地方赶来特地参加面试的如此重视如此上进的学生，我很厚脸皮地说自己"最认真"。当然，他被打动了。让我第二天早上参加行前训练，训练后的小测验通过才算入选。

面试结束，雨已经停了。由于第二天早上9点就要受训，我没有回家。而是，在教室度过了一个晚上。大学时熬过几次夜，去唱歌、看世界杯……但这次熬夜，是为了一个目标的熬夜，不一样。也没有告诉爸妈，想在自己凭实力拿下聘书后再告诉他们"结果"，而不与他们商量，那是作为一个刚成年的人的一次独立决定。当天晚上腿上咬满的蚊子包因祸得福地对第二天受训有大大的加分。除去趴在桌上迷糊了几分钟，整个晚上几乎没睡，天还没亮透，我就醒着在等大家了。

"你来啦？"昨天的面试官惊呼，我迷迷糊糊地抬起头。

"我昨天没回家。因为怕今天迟到。"

他很错愕:"没回家?那你住哪里?"

"就在教室里趴了一晚上,也没有什么,只是怕精神不好会影响今天的发挥。"说着,用手挠挠脚上被叮满的蚊子包儿,细白的脚上扎满了红红的包包……果不其然,等人陆续到齐,他就凑到今天负责考核的教授耳边悄悄讲了几句话。随后教授和他一起走到我面前,关切地问:"听说你是昨天最后一名面试者,幸会。"

要留住机会,最终还是得靠真才实学。那天正式的受训,我仍旧非常认真,努力让昏眩的头脑保持清醒。测验分两部分,第一部分是背诵,用20分钟时间将新拿到的教材的第一课背下来。第二部分是实战演习,将在座所有人当成是夏令营里真实会面对的小朋友,进行10分钟的新教材授课。两部分测验,我的表现都令人满意。最后,像这样一个女性,尽管是唯一一名本科学生,非英语专业,非外国语学校,但足以让所有人留下我。

只有10人入选,我是其中之一。父母不敢相信,一直觉得我在吹牛,直到我收拾好了行李准备出发的前一天才确定是真的。夏令营为期10天,在扬州的一所双语国小,包吃包住包行，纯收入10000元。和上外的学姐们一起搭乘客运的一路，我默默有些担心：有能力得到这次机会并不表明有能力完成教学的任务，人家都是研究生，都有过实战经验，有些甚至已经在给一些大学生代课了。10名教师将分别各带一个班，课程开始后我就与其他教师无异，并不能因为年龄小经验少而低要求，毕竟付钱来上课的学生都该值得一期有收获的夏令营，通过集中拓展训练提高英语能力。恐怖的是，一期夏令营结束，所有班级还得接受测验，这不仅在考验各班学生的提高情况，更在检验每名老师合不合格。我内心真有些许的不安，会是怎样的10天呢，最后的测验会是拆穿西洋镜的一刻吗？

有着这样的担忧，我每晚会把教材上的新课内容先看一遍，圈出知识点，不能确定的语法立刻查字典，还好那本教材我在自己读初中的时候就已经作为课外读物自学过，当时是纯粹想让自己的英语表达更加地道就买来搭配磁带读，没想到几年后居然又与它"重逢"，还作为教师将它教给初中一年级的学生们。

我的学生们刚升初中，还没有脱离小学的调皮，上课好动爱讲话的到处都是。我不得不不断提高音量,每天必备润喉糖。为了让上课更加吸引人,我的教学拿出主持的风格,以问题方式引出当天课本的内容,以比赛的方式让大家掌握知识点,以故事的方式让大家将知识作具体运用,每天最后半节课还教英语歌……一天下来,连润喉糖都缓解不了喉咙的疲惫。

作为夏令营的教师与普通学校的教师最大的差别就是学生连续10天,每天8小时都看到的是你,没有其他教师穿插授课。要维持他们持续不断的热情,真的比主持活动还累。碰到特爱上课开小差不听讲的学生,第一招给他们一个眼神暗示,失败后就第二招故意不理他们。他们或多或少都希望引起别人注意,我假装对他们视而不见反而让他们有种计策失败的无趣感,等到他们把手举得老高老高想回答某个问题时,我才缓缓地说:"在座的女士们先生们,我以前上学的时候,总觉得教师在台上上课好烦人,现在我站在讲台上,我才发现原来台下的学生也好烦人。哈哈。你们都是大人了,我们将心比心。这样,四小组进行比赛,看看哪一组表现好得到的红旗最多,有礼物噢!"话语一出,这些小大人们都安静下来,眼睛忽闪忽闪地看着我,耐心地听讲,仿佛他们成了教导处主任在监督我的授课。我的内心也不想给这些在那么高强度的培训中的小家伙们施加更多压力，可除了将课堂变得更生动外，我帮不了他们更多……尽管怅然，听到这些小大人们在课间时候见到我突然立正敬礼叫"老师好"的认真模样，我心里乐滋滋的。

10天时间说短不短说长也不长，很快到了结营测验。教师们聚在一起批试卷对我也是从未有过的经历。如果不是那次阅卷，我都不知道原来教师们在看到学生试卷上一些莫名其妙的答案时会大骂说"这小鬼！"我想以前我肯定也被我的教师们在背后默默嘲笑过。总之很欢乐……关于测验的结果，我们班第二，不错吧，窃喜。

一期夏令营结束，满以为要回去了，没想到我居然被通知继续下一期，接着10天。这次只悄悄留下4名教师，其余的都让她们回了上海。第二期开始之前，扬州市的领导带我们夜游瘦西湖，品当地美味佳肴，可谓游玩到了扬州的精髓。

夏令营所服务的这所学校，算是当地的"贵族"学校。为了能上这所双语初中，有些不富裕的家庭勒紧裤带送唯一的孩子来念书。这期夏令营，我印象深刻的有一个男生，非常调皮，尝试很多方法都无法使他专心听讲，导致学生们集体让我忽视他。课后我找他谈话，问为什么昨天没有写作业，他沉默……我继续说："我也不想给你们很多负担，你如果向其他班级的同学打听就知道我们班的作业已经是最少的了。所以希望你回家还是要温习。可以告诉我有什么难处吗？"他还是沉默……"没关系，告诉老师，如果没有理由的话，我可得告诉你们正式开学后的班主任了哦，班主任可能会找你的家长，因为你上课也不太认真还影响了其他同学。假如是我上课上得不好，你也得告诉我啊，不然我怎么改呢？"我这样一说，他惊讶地抬头看了我一眼，继续沉默了一会儿，开了口："昨天家里停电，就没写。别告诉家长，不然我爸又要打我？我骗我爸说昨天正好没有作业。"他一说"打"这个字，吓我一跳，脑海中冒出很多虐待的可怕画面，正义感让我无法袖手旁观，我追问："你父母对你不好吗？""没有，只是平时我爸生气就会打我。"……最后弄明白原来他父亲是个火爆脾气，认为"棍棒底下才能成材"，但还是爱孩子的，只是过分望子成龙。我写了一封信，信上没有提及他家庭的情况，大致只是说感谢他们家有一个那么聪明的儿子，如果平时多鼓励他一定会进步更快。

之后交给他让他带回家让他父亲在纸的背面回信给我。第二天收到信，他父母字里行间表达了对我的感谢，说没有想到在教师眼里自己的儿子居然那么聪明，在他们印象里教师跟他们告状居多。并且保证今后会注意教育的方式方法。晚上回到住处，我把信拿出来反复看了一遍又一遍，心里挺为自己自豪。

20天过去，我怀揣着20000元人民币坐着巴士回到了家。从来没有在那么短时间赚过那么多钱，和我一起回来的，除了自己赚的学费，还有扬州的学生们亲手为我制作的礼物，把行李箱堆得满满的，把心照得暖暖的。一直说教师就像蜡烛，燃烧自己照亮别人。原来当"蜡烛"的感觉那么美好。大二的暑假我又向上海外国语大学的教授主动请缨再当了一次"蜡烛"，收获的不仅是钱，也是一次难能可贵的经历。

瞧，若从小没有学好英语，我就不可能被选上参加夏令营；若没有担任夏令营教师，我作为一名大二学生在上课参加社团活动之余，也赚不到2万元，注意，那是2007年。任何技能都可以成为生财工具，只要你有永无止境学习和永不懈怠奋斗的心。

如果你特别有才华，有一方领域的专长，在专业上做出成绩，成为商业巨头、职场高管、教授、专家……不屑成名，那是十分难得的，这让我很是钦佩。

所谓条条大路通罗马，谁说不是呢？可往往这些出类拔萃者终是凤毛麟角，有好大一批人尽管满身抱负、才高八斗，还没成功，就被后浪拍死在了沙滩上。

如果你有一副好歌喉，有一张俏丽的面容，比起千千万万的人，已经幸运太多了。天生的资本，让很多人羡慕嫉妒恨。这样的先天性优势，如果都因为鼓不起勇气去推荐自己，那真是太可惜了。

正如有人说：你失败过很多次，虽然你可能不记得。你第一次尝试走路，你摔倒了。你第一次张嘴说话，你说错了。你第一次游泳，你快淹死了。你第一次投篮，你没有投进。不要担心失败；需要担心的是如果你畏惧失败，你将丧失机会。

常有人把这段话拿出来：如果霍华德·舒尔茨在被银行拒绝了242次之后就放弃了，那么现在就不会有星巴克；如果沃特·迪士尼在他的主题公园设计理念被打回了302次之后就放弃了，那么现在就不会有迪士尼了；如果J·K.罗琳在稿子被无数出版社连续N年退回后就放弃了，那么现在就不会有哈利·波特了……有一点是可以肯定的：如果你放弃得太早，就永远不会知道你将错过什么。坚持才是胜利！

前文说的立足点比较高，讲的是梦想的层面。那么我们来说说"秀"的战术层面。

你真的相信很多人参加选秀节目是为了梦想？别天真了，梦想是喜欢唱歌，那你在家里客厅唱呀，没人阻止你；梦想是喜欢跳舞，那你到广场跳好了，没人绑你脚。走到幕前，多少还是希望获得关注。

"大红大紫"毕竟是少数，但为什么还有那么多人前赴后继？——为了和"市场"混个脸熟呀！有种营销，叫自我营销。

你是个创业者也好，淘宝店主也罢，抑或是驻唱歌手……你需要属于你的客户，也就是我说的"市场"。某种程度上，知名度可以增加你原有市场对你的信任，也能够帮你开拓新的市场。而市场对你来说，就是你的饭碗，是助你发展的上帝。

现在创业，常说"创始人IP打造"，先把自己推出去从而带动创建的事业，有时可能比勤勤恳恳地耕耘收获来得更"省钱"更"有效"，这里省的可是公司的营销成本啊。

有一个选秀歌手在比赛结束后因为不够听话被经纪公司雪藏,一年时间几乎没有收入,和他母亲两个人漂在上海,有时一天都只能吃泡面。这家伙当初比赛时,我就觉得他的脑子转得非常快,后来的遭遇着实让人可惜。但他果然没让人失望,某一天突然传出他经营的淘宝店已经年收入百万人民币的消息,比他当个十八线歌手赚得多多了。他的淘宝店为何会在短时间内使消费者蜂拥而至?原来是他对差评的毒舌回复,这让很多当时看比赛的粉丝觉得,哇,他还是他,真够"贱"得可爱。虽然卖的东西很大众也很普通,但他既有的粉丝基础,加上独有的对差评毒舌回复"特色",所以生意一直红火到现在。

还有一位创业者,写了两本书,把自己成功塑造成畅销书作家,积累了大批的读者群后,带着励志女性的光环推出她的励志品牌,现在事业也是遍地开花、蓬勃发展。再一个,非常有名,"为自己代言"的那位先生,才不过用了4年多的时间就在美国上市。

所以,如果秀是因为想红,对不起,结果极大可能会让你失望。人人都想去的山顶,真的很挤,越上面越挤,你只会被撕得尸骨无存。如果秀只是你的一种自我营销方式,被关注后，你仍旧沉下心经营。那么，秀，也没什么了不起。

把"秀"的舞台再广义化一点，延伸到"求偶"的问题上。

我一个男性朋友，高、帅、单纯、善良、硕士、小康。都快30了，还单身。是很"认真"的单噢，因为他连个女朋友都还没有。他的问题就在于——太宅！

如果是享受单身的，那另外说。如果是想脱单的，那行为得反映态度啊。

现在好多单身男女中"宅毒"的，平时就没怎么见过太阳，家和公司两点一线。购物？上网就可以了；朋友？网聊就可以了；娱乐？有wifi就可以了。还没怎么过过青春，就一把年纪了。日子越久，中毒越深，回天乏术。一到适婚年龄，便踏上了相亲的不归路……可是，你不走出去，人家都看不见你，怎么看上你呢？

你说说，你多久没有约着好友出去打球了？健身房的卡一年去过三次都快过期了吧？小区那么漂亮的图书馆你都不知道它长什么样吧？

生活就是个舞台，走上去，秀出来，终有一天你会成为主角。比起梦想与期待，你更应拥有的是确信与前行！

有意识的生活态度，不再与他人攀比

你长期饥饿，有一天，终于到了能吃上半碗饭的实力，便迫不及待，广而告之，唯恐别人不知道你已经脱贫。直到，你发现你周围的人都吃得上一碗饭……

许多人喜欢在网上炫晒，可何曾想过看客的感觉，再反问自己为什么要向他们展示那些呢？生活的成就感难道就来自于那几个"赞"吗？生活又不是过给别人看的。每个人都把最多的注意力放在与自己有关的事情上，我又何必非要通过别人的掌声来掂量自己的分量？

缺什么，炫什么。一般炫的无非就是三类东西：你偶尔体验了一下别人所还没有体验的；你刚刚拥有了别人所还没有拥有的；从头至尾你根本不曾拥有过的。

就像不常出国的人老喜欢吹嘘他去过哪些地方，逼同场的人非要看他手机里那几张自己在异国建筑前的照片；就像一些"尖下巴"女性，网上晒的自拍照几乎清一色手拷名牌包、脚踩高跟鞋、抿着鸡尾酒、坐在宝马副驾驶、当着"白富美"；就像越是无名无分之辈，出门越是喜欢大张旗鼓地想让全世界认可他的身份……

就像不是很有钱的人喜欢打肿脸充胖子；而真正有钱的却藏着掖着并不想让全世界都知道。就像没有多少才华的人老爱抢话发表意见，非要大家认为他是个多么有能耐的人；而真正睿智的人却深藏不露，听完一圈后，大体都能摸出大家心思，再缓缓抒发观点。就像半红不紫的三、四线艺人，好不容易接个活动，特爱被人宣称为"当红影星""知名歌王"；而真正的大腕，只在微博认证上写着"演员""歌手"。

我认识两个人，一男，为无学历无实力无魅力的三无人士，三婚，到处借钱，消费奢侈，飞机一定要坐头等舱，然后公费报销。一女，和老公两人几乎什么积蓄都没有，用长辈们的钱买了一辆BMW，之后天天在网上晒那辆车。

有一个超红的韩国明星，红到笑容可以在瞬间激发所有女性的花痴，一打开电视，都是他的广告；娱乐新闻里，总会有他的报道。像这样的大腕,在一次生日会上,他对几万粉丝说:"感谢大家那么喜欢还有那么多不足的我"接着是深深的90度鞠躬,持续5秒以上……什么叫EQ,这就是?比起耍大牌的艺人,他是不是立刻高大无比。这句话一出,你们知道粉丝们都心疼成什么样?都恨不得把他捧到手心上呵护说:"哪有不足,你已经是我最完美的爱豆了。"

当你拥有得越多,才越具备与世无争的能力。

如果你只有100块钱,掉了10块是什么心情?肯定纠结半天吧?

如果你有1000块,掉了10块钱是什么心情?回忆一下掉哪里了,实在找不到也就算了吧?

如果你有10000块,掉了10块又是什么心情?估计无所谓吧?

越是拥有的多,越是能放得下放得开。所以,要让自己大气,最有效的方法就是强大自己。

让自己见识得越来越多、拥有的越来越多……一个身价百万的你哪里好意思和一个乞讨者去计较?若是你真的在计较"一块钱",只能说明你本身就值那么点分量而已。

看过武侠小说或是武侠剧吗？几乎每一部武侠剧里都会有想称霸武林的人，而往往这些人都不会是故事里武功最高强的那个。当众人在比武大会上争个你死我活，这个真相那个真相"吧啦吧啦"往外曝、哭笑怒骂此起彼伏时，总会突然杀出一个神秘的绝顶高手，三下两下就把人家几十年恩怨化解了，让人家几十年的执迷彻底清醒。这样的高手，往往不是藏经阁的扫地僧就是隐藏离岛的仙姑……为什么真正的高手都不屑"天下第一"？因为他们是高手啊。说得明白点，真正高手的境界他们已经拥有、达到，在造诣上他们已经是佼佼者，对博大精深的武功已经深谙其道，又何必再贪图"虚名"呢。

低调才是最牛的炫耀。

小的时候，你以为人人平等，大家都差不多，什么都是一样的，笑是一样的，哭是一样的，玩闹是一样的。可在社会上才摸爬滚打了几年，你已经明白，什么都不是小时候认为的那样。不同家庭环境、不同的人生境遇，笑和哭其实不可能是一样的。梦想被现实磨得粗糙不已。

所以，有什么好炫的呢？有什么谱好摆的呢？靠家里张罗有份优越生活的，又有什么值得骄傲的呢，你只是比他幸运罢了。靠自己奋斗起来的，生活已经给出答卷，你又何必再无意间戳人痛处。总之，用自己真实的状态存在，周遭的人自在，你也最自在。

假设有一天你中了一百万，你是欢天喜地告诉所有人？还是悄悄地把钱藏好？

假设有一天你飞黄腾达，回到故乡，你是不可一世指点江山？还是风度翩翩谦虚低调？

你要是不怕大家来找你借钱，吵着来拜托你事情，你大可宣告天下你的暴富。

你要是无所谓大家认为你行了，以至于你为大家做任何事都变得理所当然——"你既然比我们有能耐，那当然应该你请客。不然，我们干吗和你一起，低你一等，自讨没趣。"

举个生活实例，去理发店洗头，店员最爱聊天，刚坐下不久，才听到前一秒钟她们几个店员在抱怨工资少，后一秒就转身招呼你："姐，来洗头啊！"

"是啊，老样子，水洗，用精油洗发水，不用护发素，洗两遍，洗完后水帮我冲干净，谢谢！"由于理发店的人员流动性很高，每次洗不一定是同一个人，这句话是我对每位初次给我洗头发的店员的标准要求。

"好的……对了,姐啊,你是做什么的?"

"公司里写文案的。"

"你们在公司里上班,工资肯定很多吧?肯定比我们高多了。"

我听着她对着我的头叹气,也深深叹一口气:"什么呀,很少的!"

"一个月多少啊?"她打算打破砂锅问到底,要知道,她们的概念里是没有什么说话艺术的,分不清什么该问什么不该问,只要你不翻脸,她们也看不太懂你的心思。要是你翻脸也简单,大不了就是大家都没有台阶下嘛……但,我不至于这么做。

"唉,我都不想讲,一个月四千块,租房子都不够。"

"我只有三千八……"她再叹了一口气,但貌似心情好多了,说话的尾音明显上扬了一些,大概是觉得像我这样的上班族也比她好不了多少,心理平衡了点吧。其实在说出那句"四千"之前,我还特地估计了一下现在理发店的服务员一个月能拿多少钱,是从在这个城市的生活成本倒推了一下,没想到还是低于我的想象。

她继续问:"你们中午包饭吗?"说实在的,这个问题仿佛没有被我思考过,回道:"不包,都得自己。一个月四千块,其他什么都没有。"随即做出失落的表情,对她叹一口气说:"现在做什么行业都是很累的,我们每天对着计算机,都快得肩周炎了……"然后,闭上眼睛。她大概认为这个话题对我而言也挺沉重,说了句"我们包的"就没有再讲话了。不带有任何冒犯之意地顺口说一句,感觉这个世上不应该只有盲人按摩,还应该有哑巴理发。

也许有人会上纲上线指责我对陌生人没说实话,但至少,在短短几句话后,她就没有再打扰过我,也没有像我推销任何护理染烫产品,反倒是帮我洗头无论从按摩力道还是冲洗程度都更上心了,大概认为同是天涯沦落人,自己人何必宰自己人。

还记得好几年前在深圳的某台企员工那有名的十几"连跳"吗?因为那些工人每天暗无天日地做着重复工作,靠加班费来攒积蓄,生产在线加工的东西他们每天都在碰,可却用不起。不敢想老家父母殷切期盼的脸,不敢想看不到希望的未来……

也许你要说:谁叫他们这些人以前不好好读书,少壮不努力老大徒伤悲,现在嫌工资少,那早干吗去了,如今竟然还只知道怨天尤人……可不管他们的现状是自己不够努力还是现实太过寒凉造成的,现状已经这样了,我们又何必再往人家伤口上撒盐,无意的"无情"却把他们推向更绝望的深渊。有时,一点小小的"以己度人",可能就会挽救一颗嘶吼无力的伤心。

我想起了高中时候在公交车上看到的一位中年男子,西装、西裤,拎着黑色公文包,穿着有点旧的但擦得十分干净的皮鞋,安静地坐在我对面右前方的座位上。我看着他,认真的表情,注视着前方,也是类似的眼神,一丝落寞、一丝坚韧。当时,看着这位陌生人,我竟有些心疼,也至今印象深刻——也许他远远超过了做梦的年纪,不知道是因为什么原因没有在大众认为该成功的年龄取得大众认为的成功,但他仍然西装笔挺,也许是为了给家里的老人小孩更好的生活,他依旧没有放弃,像电影《幸福来敲门》的男主人公一样,依旧在坚持。不管,周遭怎么看他;纵使,还只能搭公交车……

突然想起来我外婆的事。

外婆生了四个女儿,其中一个嫁给了镇里的党支部书记，在那个镇里属于大户人家。外婆最待见这个女婿，看他脸色，六个外孙女加一个外孙中，她只带这家的两个女儿。因为成了书记的岳母，脸上有光，外婆便有些趾高气扬，行为言语间也显出"目中无人"的感觉。小镇上的人，有些是很有骨气的，因为外婆的冷眼，很多人开始对她敬而远之，包括她的亲弟弟。我是直到外婆去世前的两天，才知道，原来外婆有个弟弟。

后来，外婆年迈病重，已经好多天无法进食，到了医院都不肯收的地步，只得躺在床上靠腹透维持着生命……自这次一病不起后，很多原本她倾注了心血在乎的人显出的冷漠让她心凉到彻底，而原本她不待见的那些女婿、外孙外孙女反倒不怕麻烦不惜重金地挽救她、陪伴她。她弟弟也终于在几十年后，在大家的劝说下，回来探望了她，与她冰释前嫌。

躺在床上，外婆无数次流着泪，诉说着懊悔……直到走的前一天，还在咒骂不甘心当初白白带大了那两个没有良心的外孙女，而对曾经没有正眼看过的人却在她最需要的时候陪伴着充满了感谢与抱歉。听妈妈说，外婆回光返照的那一天，拉着妈妈的手说："我这一辈子住过最好的地方，就是童童带我去住的那个五星级酒店。"老一辈的人真的都很苦,也很传统,外婆很可爱,走之前说:"我只生了四个女儿,没有生儿子,你们帮我在镇上丧礼办得风光点……"

低调就是腔调,当你不再用自己所拥有的去反复提醒你的"朋友"们所缺失的,朋友们会更舒服自在地与你相处,他们不需要担心在你说到"你怎么还留在这里呢?这里的空气太差了。你真应该学学我,移民算了。"而不知道后面要接什么;也不需要尴尬地回应你的问题:"哎,你怎么都没请保姆噢,自己带小孩很累呢……"

如果是朋友,过去AA制那么最好现在也维持AA制,那是一种过去的习惯,也是平等,若是其中任何一位在几年后财富大增,突然改变模式,大肆请客,那么就做好把请客坚持到底的准备,不然哪天你不埋单的时候,别人要怎么理解你?事业遇到挫折?当然,如果请客是因为有值得庆贺的事情,当然很好,那是一种喜悦的分享。

老同学小远告诉我一个她身上发生的例子。在她婚姻不太如意的阶段,她和几个同样不幸福的人走到了一起,聊天的话题无非是各自诉说各自的不幸,吐槽吐槽事业、吐槽吐槽婚姻……若是出去玩,一定是因为其中哪个人心情欠佳而提议去散散心，彼此你看看我的痛，我瞧瞧你的伤，心里也就平衡多了。

后来她的生活改善了，买了房子，和老公的关系也融洽许多。心情和状态不像从前，聚在一起的时候，也没有那么多类似的话题可以抱怨。反而大家在数落生活中种种失落的时候，她还开朗得替大家出谋划策……

按理来说，这对她而言是好事，大家应该恭喜才对。可结果正如你们所预料的，团体慢慢地把她排挤出去。为什么？不是不想看到她幸福，而是不想一遍一遍地用她的幸福来remind自己的不幸。她的状态已经不再符合这个团体的"定位"了，所以，只能淡出。

定位清楚，应对也就自如。和朋友相处，你所拥有的与她们无关，那么你所拥有的附带的优越感也与她们无关。所以，放低你的身段，收起你的架子。

过去在企业，我在中国区总部，全国有60几家分公司，我发现，每个当上分公司总经理的人都是有两把刷子的，出色的业绩不是光靠职场经验，更靠人格魅力，而这人格魅力，就是谦和低调。经销合作伙伴们之所以愿意为他们效犬马之劳，在众多竞争企业中选择与他们合作，倒不完全是因为赚钱，到一定程度，合作商们更看重的是感情，所以既谈生意也讲义气。我和分公司总经理们及经销商吃饭聚会，他们都是互相敬重，诚意交谈，把对方当弟兄，既赚了感情也赚了钱，达到共赢。

用经销商的话说："我很感恩×总，是他把我拉进这个圈子，如果没有他，就没有我们公司的今天。他一个总经理，待我如兄弟，我愿意再和他合作十年、二十年、三十年！"

而用分公司总经理们的话说——低调才是最牛的炫耀。

不再害怕他人的目光

从小，我就深深感知我最大的幸运，是灵魂的自由。是的，我很自由，甚至不在乎别人对我的看法。

我特别喜欢George Bernard Shaw（萧伯纳）说的那句话："The reasonable man adapts himself to the world; the unreasonable one persists in trying to adapt the world to himself. Therefore, all progress depends on the unreasonable man."翻译过来的意思是说：那些"合理"的人，让自己适应世界；而那些"不合理"的人，坚持让世界适应自己。所以，世界的所有进程都是被不合理的人推动的。

有位读者朋友发私信给我，说很迷茫，由于曾经遭遇过被排挤的不好经历，导致自己太在意别人的看法，从此万事谨小慎微，生怕自己说错话做错事，所以，长期压抑自己，很痛苦。她问我：太在意别人的看法，怎么办？

如果我直接说"走自己的路，让别人说去吧！"你们肯定想打我吧？哪有那么容易！怎么做到"把目光放在正事上，而不是别人的闲话上"，我分享三点：

首先，调整心态是需要过程的。别人对你说这话，估计你听不进去。但我这么说，是经验之谈。我高中时的人缘极差，当时属于男生不喜欢、女生也不喜欢，但是教师们格外喜欢的那种。

高中进的是一所上海市重点，云集了上海不少的优等生，我的成绩和能力在这里还是大有可观的。几次期中期末的测验中，轻而易举地坐稳前三。各学科或大或小地都拿过奖项。但我的古怪就在于我并没有安分地沉浸在高中疯狂的应试教育中，反而开始反叛——到底什么才是我想要的？牵制自己活泼的思维去按部就班地"思考"问题？磨掉自己发散的创意去循规蹈矩成思维定式？——我一定不能让自己沦为这样。

我这么说并不是表明学习知识不重要。知识的汲取当然重要，而且对于很多把不爱学习或者学不好的过错都归在中国教育制度上的同学，我认真地想讲讲我对于学习的观点：培养学习的能力很重要！比如为什么要学语文——因为腹有诗书气自华，语文是练内涵与气质的；为什么要学数学——因为数学培养人最基础的逻辑分析能力；至于为什么要学英语，因为国际化嘛……所以每门课都有值得学习的价值。我不赞同的是"应试"，也就是为了考试，一味追求高分，规定死板的做题格式，框定无趣的思考方式。

纵观整个高中，我觉得自己最大的收获就是——把自己变成了同学中的"异类"，并且不畏惧他人的嘲笑。

地产界的女大亨张欣在微博上写过这样一段话：我小的时候从来不是好学生，从小学一年级到初三毕业出国，我数了数转了六家学校，所以我从来没有"母校"的概念。这样奔波倒是培养了我的适应能力。成绩不好。我在香港当完女工，二十岁到了英国时，反而因为我的特殊经历很受大学的欢迎。要是让我去考SAT，托福，我肯定不行。天天考试的同学们，你们别太在意成绩，条条大路通罗马。

死气沉沉的教室多么令人讨厌，那些优等生们甚至到下课都不苟言笑，好像些许的闲聊就会葬送自己的前程一样。除了成绩，其他漠不关心。教室简直像个监狱，大家都很规矩，才花季的少男少女们却时刻谨记"枪打出头鸟"的古训。中华民族传统美德"谦逊"在这里弘扬得很好。

我不是"中庸"的个性。讲几件遭同学非议我爱表现的小事吧：

某天课间20分钟休息时，班主任突然冲进教室说："快，谁有空现在写一篇文章，学校在搞一个征文比赛。每个班至少一篇。快！有谁愿意？"全场一片鸦雀无声，只是互相张望。"我吧！"我抬起头，跟老师比了个手势表明我愿意，老师立刻舒一口气："好，时间有点赶，你要不写首诗吧，这样可以快一点，因为只有这20分钟时间写，我马上得送下去。"我赶忙拿出纸，刷刷刷写了一首《虞美人》交给班主任，之后就没有把这事儿放在心上。两周后的某天升旗仪式后，学校宣布征文获奖名单，我写的那首词居然获得第二名。后悔当时时间紧急，自己没有留下稿件，也忘记写了什么，不然很想发表。

我们学校要求每周五各班级各自举行班会活动。每次班主任问："本周五班会谁主持？"同学们就像一尊尊菩萨一样，微低着头，不敢抬头看老师，怕和班主任的目光接触。老师急了，再问："快推荐一个主持周五的班会，不然我随机点人了。"同学们一听又像一尊尊菩萨一样指点迷津起来："让童童主持。"大家格外团结，一个人提议后，其他人纷纷像找到了救命稻草一样，赶紧用手指指我，有些同学甚至在这个时候跟我使个眼色说："童童，就你吧，你肯定行的。"哈，好像突然间和我很熟似的。

当然，我也很识相地接受，与其说是被大家怂恿的，不如说其实我自己本就坦然接受——在他们眼中浪费宝贵的读书时间策划班会活动，在我眼中却是加强能力锻炼的机会。可以不夸张地说，高中三年的班会活动70%是我组织和主持的。别以为同学们从此会感激我，当然不是，他们依然觉得我爱表现，却也依然在每次老师要求的时候"推荐"我。

对英语的重视，我从初中开始就没有变过。最喜欢上英语课，充满兴趣、敢于表达让我的英语呈"阶梯式"进步中。所谓阶梯式，就是短时间虽然在同一水平，仿佛没有进步，但一段时间积累后就会上升一个台阶。简单地说就是从量变到质变。虽然英语测验成绩都不错,可我对自己学习的英语到底是不是真正老外能够听懂的英语一直保持怀疑,换句话说就是:我所学到的英语到底是否是外国人常用的表达。

很遗憾,在上高中之前,我从来没有见过真正的外国人。一次广播体操,我用余光瞄见一个高大的身影从学校长廊上经过,猛地定睛一看,竟然是外教!被我发现的第二天起,我便每天捧着英语课外读物穿过一幢教学楼跑到他办公室让他荣拨时间听我朗诵,帮我纠正发音、答疑解惑。这在同学们眼中又是一个另类表现,平时要他们挤出一句英语比挤牙膏还难,"外语"在他们眼中应该是羞于启齿的,怎么我脸皮那么厚哪怕讲错也要讲。我可没时间去征求他们的认同,一如既往做着我认为有意义的事。

高二那年,上海市举办"亚太杯英语大赛",这是由日本Daiichi经济大学亚太经济研究所组织的比赛,云集了亚太地区高中、大学在读的英语优秀学生,是一项颇有影响的国际性比赛。我被选拔担任"高中组"及"大学组"的学生评委,与来自牛津大学、剑桥大学、哈佛大学的教授们及中国的英语教育专家同堂评审,颇为荣耀。多见识、多体验,我从不小看身边的任何一个机会。

上述三个小故事，不知大家有何感想，如果换成是你，是选择迎合群众还是孤芳自赏呢？花季少女，谁敢说自己无畏冷嘲热讽？在一些同学的不理解和孤立中，我也失落过，迷茫过，伤心过……从肯定自己到否定自己，直到坚定……我明白：外界的评论总有褒有贬，是听不完的。如果要有所成，就得清晰什么才是对自己最重要的。

上大学以后的一次偶然机会，我在一个网络社交平台上重逢了一位高三转学到新西兰的同学，好奇地问她："为什么高中班上那么多同学不喜欢我？"她一字一字敲出了原因：因为那个时候大家都还不懂事，能够考进这所高级中学的都是区里的优等生，老师们都那么喜欢你，大家难免会嫉妒排挤……谢谢她，不管这是否只是少数人的观点，但也算是给我的一剂安慰。

高中我一直在寻找一种平衡：挑战与认同。自认为比起考试分数，对学习能力的培养更为重要，可这种想法在以分为天的高中显得很不切实际。于是我开始自我怀疑，没人能告诉我到底什么是对的什么是不对的，因为可能连教了那么多年高中的教师都模糊了教育的初衷。我在挑战中不断追寻认同可连连受挫，最终我还是坚定了自己，任嘲笑声在耳边飞扬，只在自己的笔盒里贴上四个字：宠辱不惊。

起初我也难过也迷茫，你们有的情绪我也都有，但只要想通一点，就豁然开朗了。那一点就是——这些家伙的意见到底靠谱吗？确实有益的，我立马改，如果只是中伤，那我干吗听？他们不走心地随口一说，本就是希望我不会变得更好，我难不成还要如他们的愿？真为了迎合他们而做出不利于自己的选择，他们会对我的人生负责吗？不在我背后笑死已经很好了，最后哭的还不是我自己……他们只出了一张嘴啊。不过，别觉得这样想很容易，还真的有人被人家"激将"着学会抽烟、酗酒、鬼混、不好好读书……所以，聪明的人，要知道自己要什么？是要这种临时"朋友"的临时"认可"？还是要把自己修炼成"逆袭生"？

其次，如果遇到了很多人开始嚼你舌根，怎么办？我想说，只有两种情况，要么就是你真的够讨厌，拜托，这样的话就虚心改改。要么就是恭喜你，你成为值得让大家花时间关注着你的人了,这种时候,可以找个"偶像"/爱豆看齐——我当时是把一个当红明星的名字写在手心里(你存在我深深的脑海里……偏题了,sorry!),对自己说:"她都被人骂成那样了,不还是活得好好的,我脆弱矫情个什么劲啊!"

就像我们不会明白花自己的时间去关注明星的绯闻八卦、别人的家长里短有什么价值,那些被历史记载的人,无不有更高的追求,他们专注自己的生活与理想。可总有人偏偏津津有味地专注评头论足他们的生活、目睹他们追逐直至实现理想。不过转念一想,其实这才正常不是吗,这不就是他们与别人的区别吗?

Great minds discuss ideas, average minds discuss events, Small minds discuss people. 崇高的思想谈论理想,一般的思想谈论生活,狭隘的思想只会说人是非。看过一个更好的翻译:大智论道,中智论事,小智论人。

——Eleanor Roosevelt安娜·埃莉诺·罗斯福

高处不胜寒。若你有了让女人们都为之嫉妒的资本,说明你至少有一方面是优秀的。相应地,没有哪个明星是没有绯闻的，没有哪个名人是清一色赞美声的。Life is a package（生活都是打包而来的），当你追求了好的，接受了好的，你就必须还有胸怀容纳下那些打包而来的不好的。这些不好的一方面是在平衡你的所得，另一方面是在给你机会锻炼你让你成为更坚强的人。

一个人讨厌另一个人往往不需要客观理由。人很难做到的事就是肯定别人的成功。但反过来说，女孩儿们，你要高兴有人在想方设法明示暗示地到处去传播你、议论你、诋毁你、抹黑你，不经意地"提到你"，这说明你对她们来说是件值得花心思的事情。不要困惑自己明明和她们八竿子打不着边，可却成为她们背后的话题，因为她们最大的酸楚不是嫉妒你，而是嫉妒你却从未走进你眼里。做更好的自己，就足够了。

再者，有些看法真的是别人想的，还是你自己想出来的？人很容易犯这样的毛病：把自己的事容易用放大镜去看。担心如果做不好，有种天快塌下来的感觉，想顾及方方面面、尽善尽美，不愿让任何一方失望。可每次事情过去，回头想想，其实是自己看太重了。每个人都很忙，根本没有那么多闲情逸致关注别人。

举个例子：以前上课的时候回答问题，答错了，你是不是会很羞愧地认为所有人都在注视着自己，同学们也一定全在嘲笑你，所以答错问题后好一会儿才能缓过这股丢脸的劲？——你想多了！你仔细想想，如果换成是其他同学站起来回答问题，答错了，你会嘲笑他吗？没有嘛！大家只关心正确答案是什么，然后这个question(提问)就过了，所有人继续上课。

所以，是自己把自己看太重了，大家压根就没有记着你答错时的窘态。

学会断舍离，也要学会断掉对他人眼光的在意。

专注提高，忠于自己

打开电视、登录网络，你会发现，现在已经是00后当道的时代，90后在叹老，80后在怀旧，时间在追着每个人，环顾四周，你还是你，什么都没实现，就老了。只是过去的梦想在不知不觉中遗落，找不回来了。

从幼儿园到高中，我们承载着父母殷切的期望，再读到大学，在大学经过些许喘息后，毕业，进入一家公司工作，"拿着卖白菜的工资操着卖白粉的心"，开不起车、买不起房，忙忙碌碌黯淡无光地过着日子，每日的辛劳使你变得麻木、失落、挫折、空虚……最大的成就感，恐怕是来自于在网络上把自己逼成愤青模样，天真地以为社会真的会因你的一条转发而改变。可第二天起来，还是一如既往地挤公交、挤地铁，朝九晚五、按部就班，为了还贷款、为了养家，忍气吞声，加班加点，收起张扬，释放淡漠，唯一的期待便是加薪、升职，抑或是看在钱的分上跳个槽寻求新的突破……如果没有意外,你的未来不会有太大惊喜,一辈子就这样了。

你谈了几场恋爱,笑过、痛过、和密友在宿舍彻夜谈心过……中学时代在学校里好歹也有小男生悄悄塞纸条给你,写情书给你,站在巷弄口等你,为你义务辅导数理化,运动会上跑第一后用余光瞄瞄你是否有看到他的光辉,放学送你回家……你也拥有过象牙塔里的爱情,舒服得连空气都是甜的,直到临近毕业,在纯情和现实中与你的他迷茫、惆怅,到了适婚年龄,咬咬牙找一个还过得去的人结婚、生子。无论你曾经是普通人还是女神,往后余生也不过是柴米油盐酱醋茶。

你看着那些在荧幕前比你年龄还小的明星穿着华贵的礼服走在星光红地毯上,她们可能没你漂亮、没你聪明、学历没你高、修养没你好,但她们的举手投足都在闪光灯下,有众多铁杆fans追随捧场,光代言一个广告就抵你5年的工资,聪明一点的仰赖着明星的光环投资自己的品牌,最不济的起码也有作品留世,一部电影、一部电视剧、一张唱片、一本书……相比之下,你那几年的存款都还没够一套房子的首付吧?

也许你感觉自己生不逢时，本该朝气蓬勃的年纪却显得暮气沉沉。也许你埋怨社会——为什么这不是一个鼓励"多元"的地方，小时候你明明是绘画颇有天分，或是运动细胞发达的潜力体育健将，抑或是爱摆弄文字想象力超凡的写手……明明有一技之长，理应顺应强项追逐梦想，可为什么大家都在笑你数学分数不及格，考试排名中下，上课爱插嘴抢答，思绪天马行空喜爱畅想？也许你埋怨父母——为什么不依你的才华培养你，为什么不给你提供更加优越的条件，为什么非要灌输只有按照固定地模式行走人生，考个好大学，找个好工作，养家糊口，才是最终归宿？

别怪他们。

纵使观念不先进，理念不自由，他们也在用他们的方式爱你，教你他们认为对的，给你他们认为好的。毕竟父母的学历没有你高，书读的没你多。同样的年纪，他们那时还在各自搬着小板凳去看露天电影，可你已经从iPhoneX玩到华为Mate30了；他们那时天天吃酱油拌饭，难得一顿肉已经是美味佳肴，可你已经吃遍城里大小餐馆，点满一桌菜吃剩半桌眼睛都不眨地叫服务员结账。他们不是不想跟上你的脚步，他们受到太多世俗的观念，太多约定俗成的规定的束缚，因为太爱你，他们不敢冒险……

你给自己成不了somebody（大人物，重要人物。反义词nobody：无名小卒）找了很多借口：没有倾城的美貌，没有天籁的歌声，没有缜密的聪慧，没有有力的关系……你何不想想身边随处可见的草根逆袭？在荧幕上闪耀的圈内一哥一姐们，哪个没经历过出道时的辛酸？你找的那么多借口里，唯独少了一条——自我反思、坚持自律、狠狠努力的决心。

喜欢看侦探剧的朋友都知道每一个罪犯都有动机、隐情，当然，神经病除外。可谓是可恨之人必有可怜之处。可如果你从而认为环境的因素、教育的因素导致犯罪是可以想象甚至是可以理解的，我恐怕无法苟同。并不是每一个遭遇抛弃、家暴、贫穷、缺爱、陷害的人都会选择犯罪，那就没有理由将沉沦和堕落完全归咎于外部因素。有多少比你处境更糟的人仍旧坚持自强不息，那你有什么借口放弃。同样的起点，自己才是在每个岔路口的选择人。

一直都是如此。

我一直拿这句话激励自己："你想过普通的生活，就会遇到普通的挫折；你想过最好的生活，就一定会遇上最强的伤害。能闯过去，你就是赢家。闯不过去，那就乖乖做个普通人。"

所以，我坦然接受曾经、现在以及将来遭遇到的挫折，因为，我不想做个普通人。

当我年轻时我梦想改变世界；当我成熟后，我发现我不能改变世界，我将目光缩短，决定只改变我的国家；当我进入暮年，我发现我不能改变国家，我的最后愿望仅仅是改变一下家庭，但这也不可能。当行将就木，我突然意识到：如果一开始我仅仅去改变自己，我可能改变家庭、国家甚至世界。

——威斯敏斯特教堂碑文

亲爱的，你已经有足够的智慧来计划梦想、规划人生。别觉得时间太早，越早思考可以越少走不该走的弯路：早孕、堕胎、误交坏朋友、闯下不可逆返痛悔一生的祸……而多走该走的弯路：失恋、失败、在挫折中健康成长……也别嫌弃时间太晚，用不着着急那么一两年去学比尔·盖茨、乔布斯，因为世上没有多少个他们。不论你正在从事什么、将来打算从事什么，该受的教育都是必须受的。工作后你会发现，受过良好教育的人的思路和没有受过教育的人的思路完全是在两个频道上，理解能力、领悟能力、表达能力、学习能力都会有差异。

某杂志对中国大陆60岁以上的老人抽样调查他们最后悔的事，第一名：75%的人后悔年轻时努力不够，导致一事无成；第二名：70%的人后悔在年轻的时候选错了职业；第三名：62%的人后悔对子女教育不当；第四名：57%的人后悔没有好好珍惜自己的伴侣；第五名：49%的人后悔没有善待自己的身体。

朋友们，不是富二代没关系，你能成为富一代。不是星二代没关系，你能成为星一代。只是一路上你比别人多些艰辛罢了。哪怕这些你都成为不了，你能成为一个不后悔的自己。老了以后，回忆一下，你的人生也许比他们都精彩，都有意义。那些苦是甜美的，而甜是芳香的。

我如今想来，真的庆幸自己拼搏过，并在每个阶段抓住各种机会修炼。看着现在的自己，回顾曾经的一步一步，那些看似微不足道的细节，却像蝴蝶效应一般，联结起了巨大的力量，甚至可以改变一生。

生活不靠谱，我们要自主。三分才气，七分努力，成就人生逆袭。

之前在采访中，有人问我，什么是逆袭？我的理解是——改变，向上的改变。

逆袭，可以是外在的生活条件改变，也可以是内在的精神世界修缮。当然，我肯定鼓励大家内外兼修，同步逆袭。但"逆袭"又区别于"向上改变"的地方在于，程度不同，逆袭基于很多付出，有时要坚持别人所不能坚持、自律别人所不能自律、断舍离别人所无法断舍离，才能收获逆袭，而有的逆袭甚至有如凤凰涅槃的效果。

以前参加宴会，我是那个被领导带着向别人敬酒，在交流中让对方在短时间里就能接收到"我是个优秀人才"的信息，将自己推销出去；现在参加宴会，我是那个领导带着人来引荐的"别人"，听着女孩儿们在交流中让我在短时间里就能接收到"她是个优秀人才"的信息，将自己推销给我。

以前开会，我是那个坐在最边上的位置奋笔疾书记会议纪要的助理；现在开会，我是那个坐在中间参与讨论、我的观点和看法会起到重要作用的与会者。

以前参加讲座，我是那个在台下专注倾听的听众，望着台上的演讲者；后来成为介绍演讲者出场的主持人，侧身看着边上的演讲者；再到现在，我是那个站在台上发言的演讲者，观察着听众们的表情，分享着我能够分享的东西。

以前是会跑到偶像面前让她给我在她的书上签个名的读者，现在是读者跑到我面前让我给她在我的书上签个名的"偶像"……

从凝望者，变成被凝望者，这大概就是逆袭。

有时候刷微信朋友圈，发现一个有趣的现象：前一条是有人晒他在超跑俱乐部的一排豪车，后一条是有人晒她在简朴而凌乱房子里带小孩配上碎念老公的文字，再往下刷，是有人晒他的第26家分店，然后再是有人晒她在公司加班的抱怨……容量大，范围广，"土豪"也有，"好土"也有，旁观截然不同"世界"里的生活。其实这些世界，没有一定谁比谁的更好，只是在于，你要什么，而你现在在过的，是不是正是自己想要的。

一次，有位老同学加我微信，隔了很久没有回音，有天突然冒出一个问题："你的书是自己出的吗？"意思是问我的书是不是自己花钱印几本发发的。因为问得好玩，我当时只回了个笑脸没有回答，心里不禁感叹：原来毕业后的那么多年，真的已经让不同的人踩出了不同的道路，尽管当初我们坐在同一间教室里，吹着同样的风扇，可如今，站在他的高度，已经看不懂我的实力。

逆袭的过程好比生产线，输入端是现在的自己，进入"奋斗"工序，在不同环节中内外修炼，最后输出那个想成为的自己。而这个"奋斗"工序的设定者也是自己，所以，不是模板化，而是遵循个人发展规律的——定制化。

走完这个过程，抬起头，你发现身边的环境已经变化，那是你喜欢的天空的颜色和花朵的芬芳。周围充满了和你一样或是比你优秀的人，受其熏陶，你变得越来越优秀，越来越具备掌握生活的力量，越来越所向披靡。人的逆袭曲线，是斜率越来越大的。

逆袭，是我对自己的要求，无论生活在什么状态，都不能忘记奋斗，哪怕短期内看不到奋斗的结果，也能阶梯式进步。别担心一切只是在做无用功，其实付出的全部都已经记录在你人生的蓝图里，终有一天，你会逆袭成蝶。

我不是知心姐姐那一款，也不爱看恶俗的心灵鸡汤。我写的东西，是励志，更是坚韧，是和你们分享，好好地看看现实的残酷，然后从骨子里练出那种志气，并找到方向和方法，给自己杀一条出路。

不喜欢看到这样的帖子或者听到这样的教导：聪明的女人应该如何如何，成功的人一定会做的几件事，幸福的婚姻太太都在做的几件事，失败男人背后的女人有哪些特点……每次看到，我都想说，你是谁啊？都不了解别人，就对别人指手画脚，一副好为人师的模样。

那些在朋友圈每天要转十几条心灵鸡汤的人，我几乎设置不看。比如有个帖子："宠出来的孩子——危险，捧出来的孩子——霸道，苦出来的孩子——懂事，博出来的孩子——成功……"整篇什么辅证都没有，就干巴巴的几句"排比句"，片面言论，说了跟没说一样。这种就叫作"废帖"，浪费时间，浪费流量。

现在网络读物很多，读者朋友们不要把什么都当真理，要知道那些都是人写的，而且你搞不清楚是什么人写的，有时甚至会出现完全相悖的说法，听谁的？

凡事要有自己的判断。

在微博上看到过这样一段话:"很多时候,我们总以为自己做出了错误的选择,总以为自己停滞不前,甚至以为自己进入了错误的行业,总觉得拼了命也看不到成果,但是我们还是坚信,我们会像竹子一样,不是没有成长,而是在扎根。同意请怒赞。"

我留言:"努力+反思+拨正"捆绑进行,才叫扎根。不要太迷信心灵鸡汤,结合自己的情况辩证地看待、分析,才有进步。若是一直一直停滞不前,那就真的要反思是不是做了错误的选择,若是,就拨正;若不是,请坚持。要是大方向错了,再坚持下去,不是反而和真正期望的南辕北辙了吗?

曾经有个人很突兀地给我私讯,没打招呼就丢给我一个问题:"怎么变成功?"我心想,您没事吧?几句话若能提点你,那我自己早成仙了。我不想拿一句话就搪塞过去的伪鸡汤灌给你。这种大问题,你应该自己分析一下,再去咨询合适的人,再者别人的心得方法也只是供参考而已,实践得靠你自己。

很多人都这样,看一百遍那些名人的成功学,听一百场那些达人的讲座,看完就忘,然后做人做事还是从前的IQ、

EQ，那请问又有什么用呢？

鸡汤要挑着喝，不然小心补过头。

我对于类似"××的成功可以复制"这话持保留意见。都是不同的个体，有不同的优劣势，有不同的资源，有不同的理想，人家靠这成功了，你未必照着做也行得通。但是多看成功学好吗？——那总比不看好。

但是光看没有用，得融为自己的。

看别人当初的选择，你得结合自己的情况分析，自己和他的差异在哪里，向左走和向右走对自己的好坏影响；看别人当初摔倒了爬起来，你得分析自己的情势，应该是现在爬起来，还是先感受下哪里疼再爬起来，还是之前就该爬起来了，应该是左脚先起来，还是像别人那样右脚先起来……

就像营销，你在销售一种产品的时候，光说"我们的产品有多好多好"是不够的，你得告诉潜在客户"我们的产品有什么什么优点，这些优点对你的益处是……"

所以，我的分享，观点一定会有案例支撑，因为分析的过程可以看出我的思路和角度，而你们可能和我站在不同的思路或角度上，那么根据我的理由，你可以知道自己是不是完全不该做那些事，适合做哪些事，哪些可以实践得更好……

其实很多励志故事告诉大家要健身、要节制饮食、要变成更好的自己。我不反对，我觉得他们做得都比我好。不过，我不想表达这些，我所传递的，不是形式上变成更好的自己，而是本质上我们能通过自身精进、找到"能理解世界运行的逻辑""懂人懂事懂规则"，从而大概率地去实现"物质与精神的自由"。

如果我问，你想成为瘦且漂亮的0资产0负债的人？还是成为胖且长相普通的有钱人？你怎么选？也就是说，人变瘦了、变白了、变好看了，有好处吗？大概率是有的。但能实现人生真正逆袭到新境界的，还是在于内在修炼。所以，我是真的劝大家不断内修：看书、向更好的人学习、在多元文化中交流……不一定看我的书，也可以看其他很多很棒的书，但不要看口号式的鸡汤。因为我希望我的读者（大家给了个很可爱的昵称，因为我姓童，读者就自称"铜板"，指古代的钱，寓意着又有底蕴又有钱）不是我的捧场客，而是去实现自己物质与精神的自由的独立优秀个体。

哈佛大学有位校长曾说："教育是培养你辨别有人在胡

说八道的能力。"多学习，才具备辨别知识的能力，然后开始明白，习得表象是第一步，训练逻辑后，思辨能力的获取才是精髓。

不要在意周边的声音，专注于提高自己，忠于自己的内心，才是深度断舍离，也才会与逆袭成功零距离。